武夷学院服务产业研究专项“闽北传统村落古民居建筑艺术形态与保护发展”(项目批准号:2021XJFWCY08)

THE PROTECTION AND DEVELOPMENT OF TRADITIONAL ARCHITECTURAL ART FORM OF ANCIENT VILLAGES IN NORTHERN FUJIAN

闽北古村落传统建筑艺术形态与保护发展

魏永青　著

辽宁美术出版社

图书在版编目（CIP）数据

闽北古村落传统建筑艺术形态与保护发展 / 魏永青著． —
沈阳：辽宁美术出版社，2023.12
ISBN 978-7-5314-9562-8

Ⅰ．①闽… Ⅱ．①魏… Ⅲ．①村落－古建筑－建筑艺术－
研究－福建 Ⅳ．① TU-092.2

中国国家版本馆 CIP 数据核字（2024）第 019630 号

出 版 者：辽宁美术出版社
地　　址：沈阳市和平区民族北街 29 号　邮编：110001
发 行 者：辽宁美术出版社
印 刷 者：辽宁鼎籍数码科技有限公司
开　　本：787mm × 1092mm　1/16
印　　张：15
字　　数：230 千字
出版时间：2023 年 12 月第 1 版
印刷时间：2023 年 12 月第 1 次印刷
责任编辑：罗　楠
装帧设计：魏永青
责任校对：郝　刚
书　　号：ISBN 978-7-5314-9562-8
定　　价：118.00 元

邮购部电话：024-83833008
E-mail:lnmscbs@163.com
http://www.lnmscbs.cn
图书如有印装质量问题请与出版部联系调换
出版部电话：024-23835227

前 言

村落是人类生活的最基本聚落空间，不仅是历史和生态的产物，更是文化的物化表现。古往今来，人类在发展过程中营建形形色色的古村落，这些古村落的形成和发展与其所处的自然环境、生产力发展水平和地方文化有着密切的联系。

闽北地区地处闽江上游，其境内呈以丘陵山地为主的低山区地貌特征，这里许多古村落既有丘陵山地村寨的古朴，也蕴含江南水乡的柔美。闽北古村落营建是在中国传统“天人合一”的哲学思想指导下，强调人与自然和谐统一，是一种典型的将“人、建筑、自然”三者融为一体的生态建筑。闽北古村落在构景上除了巧妙借助景观之外，还会精心配置楼阁、廊桥等景点建筑；在村落规划上充分考虑街巷、宗祠、书院、牌坊、庙宇等公共建筑的营建，形成千变万化、层次丰富的景观结构。

闽北传统建筑遗产形式丰富，先民就地取材，选择当地的乡土建筑材料，聘请能工巧匠营构出具有浓郁的地方特色、朴实而精巧的建筑形态，并运用雕刻、绘画、陈设等艺术手段进行美化，以满足户主感官上的愉悦，也传递出他们的理想追求和审美情趣。闽北建筑装饰题材丰富，有祥禽瑞兽类、植物类、博古器物类、人物类、文字类、几何纹样类等，或华美富贵，或精美细腻，或淳朴简洁，富有丰富的文化内涵，展示“图必有意、意必吉祥”的美好意境，充分体现出闽北先民独特的审美观和丰富的文化意象。

本书共分六个部分，以闽北古村落传统建筑为主线，结合当地的自然地理环境和特色文化以及风土人情，通过文字和图片向读者展示闽北古村落传统建筑特色和文化意象，并以实际案例阐述闽北古村落发展路径和方法，探讨古村落建筑装饰在提升古村落旅游形象、实现乡村振兴发展中的价值。

闽北古村落传统建筑是历史记忆的实物载体，是中华文明体系中不可或缺的重要组成部分。这些特色文化的传承要依靠闽北广大民众进一步深刻体味古村落独特的文化韵味，热爱自己的村落，并积极投身到村落的保护中去。

目 录

第一章　闽北的历史建制脉络及文化特色

第一节　闽北的地理环境和历史沿革

福建省简称“闽”，位于中国东南沿海，与江西、浙江、广东三省为邻。其东端是曲折的海岸线，与台湾省隔海相望；西端是高耸的武夷山脉；中部为鹫峰山脉、闽东丘陵。全省总面积 12.2 万平方千米，其中山地占 53. 38%，丘陵占 29%，二者合计为 82. 38%；其余为平原和水面，素有“八山一水一分田”和“东南山国”之称。闽北，一般意义上是指福建北部地区，主要是指闽江干流以北，本文将福州市以北的南平市及宁德市所辖部分县市统称为“闽北”。

一、地理环境

闽北地处闽江上游，这里山势高峻，峰峦重叠，小河谷、小盆地散落其中，丘陵山地连绵起伏，呈低山区地貌特征。闽北主要的山脉大致呈东北至西南走向，西北、东北地势较高，西南、东南渐低；著名的武夷山脉呈西北坡陡峻、东南坡较为平缓的态势，主峰黄岗山海拔 2160.8 米，是福建省最高峰，有“华东屋脊”之称。大山带间有许多面积不大的小盆地。在与江西交界的地带，还天生地设着许多沿西北方向延伸与山体斜交的大山隘口，由东向西依次有岭阳关、焦岭关、寮竹关、温林关、观音关、分水关、童子关、桐木关等。闽北自古以来就是全闽通往中原及全国各地的天然“锁钥”之地。

闽北属亚热带海洋性湿润季风气候。高耸绵亘的武夷山起到屏障作用，层峦叠嶂阻滞了来自海洋的暖流，又拦截了西北寒流的侵袭，各地年平均气温在

17℃~22℃之间；大部分地区的年降水量为1100毫米~2000毫米，相对湿度一般在80%左右。冬季多偏北风，夏季盛行偏南风，使得该地区气候较同纬度的江西等省份更为温暖宜人，冬短夏长，雨量充沛，光照充足，植被完整，气候地理条件优越。

闽北为闽江发源地，福建的生态屏障是地球同纬度生态环境最好的地区之一。闽北的林木覆盖率为全省的三分之一，是福建省重点粮食、林业产区和自然保护区，有“绿色金库、福建粮仓”之称。闽北山川秀丽，风景独特，闻名中外的武夷山风景旅游区、国家级旅游度假区和国家级自然保护区都坐落在境内。此外还有被誉为“海上仙都”的福鼎太姥山，以及福安白云山、屏南白水洋、周宁九龙漈瀑布、南平茫荡山和九峰山、建瓯归宗岩和万木林、松溪湛庐山、政和洞宫山、浦城浮盖山和匡山、建阳宋瓷窑址、武夷山汉城遗址、光泽乌君山、邵武熙春园、李纲祠和锦溪等众多旅游景点。

二、历史沿革

闽北历史悠久，是福建开发最早的内陆腹地。据史书记载，四千多年前，福建武夷山脉、杉岭山脉一带已经有土著人在此垦荒渔猎、劳作生产、繁衍生息，创造古代文明，形成偏居中国一隅的“古闽族”文化。从收藏于武夷山博物馆的楠木“架壑船棺”可以看出当时的木作工具和木作水平均已比较成熟。从随葬品中的龟状木盘、竹席、棕麻和已炭化的纺织品残片也可以看到这是中国迄今为止发现最早的纺织品实物之一。

夏商时期，天下分九州，闽北被划归到当时的扬州，其范围包括现在江苏、安徽、江西、浙江、福建五省。周朝时闽北又归为七闽地，其范围包括今之福建全部，浙江之旧温、台、处三府及广东之潮、梅一带。

战国时期闽北隶属越国，楚灭越后，越国王室贵族在勾践的后裔无诸和摇的带领下南下进入福建，与当地土著人融合形成新的闽越族。秦始皇振长策而御宇内，吞二周，而亡诸侯，履至尊而制六合，执敲扑而鞭笞天下，威震四海，南取百越，统一中国。

秦王朝在闽越故地设置闽中郡，包括现在浙江南部、福建全境、江西东部和广东东部的一部分。无诸原来的闽越王位被废除，降为“君长”，统治该地区，由此引起无诸及闽越人的强烈不满。到了秦末，各地农民起义蜂拥而起，无诸即率闽中士卒举师北上，协同诸侯灭秦。至楚汉纷争天下，无诸出兵辅佐汉王，闽中军攻城略地所向披靡，为刘邦夺取天下立下汗马功劳。公元前 202 年，汉高祖刘邦登基称帝后封无诸为闽越王，治理闽中故地，无诸成为西汉王朝中首位异姓诸侯，与汉廷关系良好，同时，他也在现在武夷山城村营建起自己的王城，从目前发掘出的遗址及文物来看其规模宏大。无诸之后仗势扩张，向北吞并了东瓯国，同时还入侵南越国，征服百越，闽越国势力越来越大，周边刘姓诸侯国均畏惧其抢掠而送以珍宝财物与之交好。闽越国成为西汉南方一股令王朝担忧的割据势力。闽越王无诸的后代东粤王餘善最后发展到私刻“武帝”宝玺、自立为帝、起兵造反的地步，大有动摇西汉王权之势。此时西汉正处在汉武帝鼎盛时期，对外击败匈奴平息北疆的战患后，汉武帝调集四路大军共计十余万兵力攻打闽越国，并采取分化瓦解的策略，策反闽越繇王居股和部分贵族杀掉餘善后降汉。元封元年（前 110 年），汉武帝以“东越狭多阻，闽越悍，数反覆”为由，烧毁了闽越国的城池宫殿，并“诏军吏皆将其民徙处江淮间”。闽越国在其第九十二个年头就灰飞烟灭，从此，他们并入大汉帝国的版图，闽越人也逐渐与汉族融合，成为中华民族的一员。

闽越国由于在很长一段时间与中央政权有着密切的联系，在政治、经济、文化、艺术上颇受重大影响，同时又保持了福建远古文化的风俗民情、宗教观念等，经过历史漫长的交融，创造出弥足珍贵的闽越古老文明。武夷山闽越王城是当今中国南方考古发掘中已发现保存最完整的汉代诸侯王城，为人类物质文化遗产和非物质文化遗产增添了新的财富，为探究福建古文化敞开一扇亮丽的窗口。

到了东汉末年，由于中原地区连年战乱，大量的汉人从邵武的杉关路、武夷山的风水关、浦城的仙霞岭迁徙到此，他们带来了中原先进文化，从而促进了当地生产力的发展。到了东汉建安元年（196 年），置南平县，这是闽北最早的县治。建安十年（205 年）置建平县（今建阳）。建安十二年（207 年）置建安县（今建瓯）、汉兴县（今浦城）。到了三国时期的东吴永安三年（260 年），以会稽南部置建安郡，治所建安，是福建省最早一批的区级建制；闽北又增设东平（今松溪）、昭武（今邵武）、将乐三县，并改汉兴为吴兴。建安郡辖全部闽北的建安、吴兴、东平、建平、昭武、将乐、南平七县。

晋末，建安郡增设绥城县（今建宁）；南朝宋齐时，增设沙村县（今沙县）；唐武德三年（620 年）置建州，治所建安。乾隆年间《福州府志》引宋人路振《九国志》载："晋永嘉二年（308 年），中州板荡，衣冠始入闽者八族，林、陈、黄、郑、詹、邱、何、胡是也。以中原多事，畏难怀居，无复北向，故六朝间仕宦名迹，鲜有闻者。"

五代十国时河南的王审知率师入闽后，经征战成为闽中的统治者，当时一些追随王审知入闽的豪门贵族，包括后居建州的郑氏、浦城的章氏、建阳的张氏、崇安的丘氏等，都为闽北发展奠定了基础。后晋天福八年（943 年）王审知三子王延政在建州称帝，国号"殷"，开运三年（946 年）置剑州，设治延平，境内二州并立。王审知父子在福建建立了闽国，成为五代十国时期一个独立割据的政治群体，因此这一时期入闽的北方汉民的身份结构和文化结构也比以往的移民有着明显提高。许多官僚、士子、文人的入闽，极大地提升了闽北地区居民的整体素质水平。

北宋太平兴国四年（979 年）改剑州为南剑州，以别于蜀之剑州，同时置邵武军；南宋绍兴三十二年（1162 年）改建州为建宁府；元至元十二年（1275 年）改邵武军为邵武路，至元十五年（1278 年）改建宁府为建宁路，南剑州为南剑路。

历史上不同时期均有北方汉民迁徙入闽肇基定居形成古村落，尤以宋时为甚，当时诸多姓氏族人基于种种历史背景大举入闽，其中不乏名儒学士和大批文人墨客，将中原地区重教习儒的风气带到闽北，使古村落进入经济文化繁荣发展的繁盛时期。闽北地区理学文化的盛行把当时闽北文化推进全国先进地区行列。

明洪武元年（1368 年）复建宁府，改南剑路为延平府，邵武路为邵武府，闽北境内于是有延平、建宁、邵武三府鼎立，并一直延续到清末。延平府辖南平、顺昌、将乐、沙县、尤溪、永安、大田七县；建宁府辖建安、瓯宁、建阳、崇安、浦城、政和、松溪七县；邵武府辖邵武、光泽、泰宁、建宁四县。

清承明制，到清末设有一道三府，即延建邵道，辖延平、建宁、邵武三府。1913 年废除府、州制，行政区划改为省、道、县三级制，闽北设立了建安道。1934 年废除道制，福建全省设十个行政督察区，闽北设三个，即第三行政督察区，驻南平；第九行政督察区，驻邵武；第十行政督察区，驻浦城。1936 年全省改设七个行政督察区，闽北分置第二、三行政督察区，第二行政督察区驻南平，第三行政督察区驻浦城。

经历漫长岁月的演变和发展，闽北保存着数量众多的古村落。从地形来看，闽北崇山峻岭，水急峡多，生活生产环境较为恶劣，往来交通极为不便，古时在此生衍开发的土著人往往聚居一隅而安，同时从中原迁徙而来的汉民在闽北居住之后，发现闽江下游及沿海地区有着更优越的自然环境，于是他们中间的一部分人又迁徙到闽江下游一带，使得闽北汉民呈高频率流动状态，有频繁迁入迁出的特点，闽北许多古村落正是由历代中原移民所建造。明代，由于福建东南沿海地区繁荣发展，倭寇时常到此烧杀抢掠。清初为了收复台湾也经常在沿海一带交战，这里的居民为了躲避战乱，只好再次北上进入自然条件比较恶劣但社会相对安定的闽北定居，从而形成了数量众多的明清古村落。由此，形成了福建北部地区古村落历史悠久，农耕文化、移民文化兼收并蓄，发展缓慢，现状完整及包含较多明清理念等诸多特点。

第二节　闽北经济基础

闽北是全国重要的林业产区，森林资源丰富，素有“绿色金库”“南方林海”之誉。森林覆盖率、森林蓄积量，居福建省第一。这里气候温润，雨水充足，最适宜林材生长。辖区内有植物 1790 多种，仅种子植物就有 110 科共 1200 多种；竹类植物有 80 多种，毛竹为多，其次有绿竹、麻竹、芦竹、苦竹、黄竹、雪竹、刚竹等。这里有针叶树、常绿阔叶树和乔灌木等，森林植物有 400 余种。闽北先民以木材做柱与梁，将其锯成板，用以作墙来建造房屋，还可用它制成桌、椅、床、橱等家具。闽北木材除了满足本地乡民生活需求外，还是闽北最大的输出商品。自晚明以来，来自闽北的木材通过河流运输到闽江口汇集后，装上大货船被运到江苏与浙江两省。晚清江南工业化开始萌芽，从福建运入的木材成倍增长，而闽北一直是江南木材的主要供应地，因此，闽北木材产业成为当地经济发展的重要来源。

闽北山地高寒而潮湿，终年大雾弥漫，雨量充沛，土壤呈弱酸性，这为茶树提供了很好的生长环境。闽北出产的茶叶味浓耐泡，品质上佳。宋代著名的北苑贡茶便产自这里，“大龙团”与“小龙团”均为皇家贡品，足见建茶在古代中国的辉煌历史。到了明清时期，闽北武夷山地区相继出现了乌龙茶与红茶，这些茶叶有的通过万里茶路一路北上到达俄罗斯的恰克图，有的通过水运到达英国，成为当地人们生活中必备的饮料，在英国畅销了 200 多年。闽北茶叶生产不仅为当地劳动人民创造经济效益，提高他们的生活水平，还给茶商带来了巨大的商业利润，更重要的是闽北茶叶的生产促进了中国茶产业的发展，对闽北历史文化乃至中国茶文化产生了深远的影响。

闽北拥有丰富的矿产资源，在宋代，闽北的矿冶业能生产铁、铜、铅、银等。据《宋史·食货志·坑冶》记载：当时全国产铁场25个，闽北有16个；全国产铜场35个，闽北有20个；全国产铅场36个，闽北有21个；还有银场15处等。闽北的银场主要分布在尤溪、建安、南平、将乐、周宁、松溪、政和诸县，其中政和的锦屏银矿冶炼遗址、周宁的宝丰银矿遗址都是当时较大型的银矿场，可见闽北的银矿当时在国内占有重要地位。古代闽北还是国内重要的铜矿和铁矿产地，当时浦城、邵武等地就已经能够初步辨别矿石，炼出生铁、熟铁和铜铁；能从银铜混合的矿石中把两种金属分离出来；能利用胆水（含硫酸铜的矿泉）浸铁成铜。足见当时冶炼技术的发展。因采冶业发展的需要，宋朝在福建设置两监，而这两监均设在闽北：一为龙焙监（957年设），管辖银场7所；二为丰国监，为宋初四个钱监之一。从中我们也能看出矿产的开采和矿冶业的发展对推动闽北经济发展起到重大的作用。

图1–1　建阳水吉建窑遗址

图1–2　宋代建窑金兔毫纹建盏

图1–3　清朝建阳书坊原刻版

瓷器是我国古代劳动人民的伟大发明之一。闽北山区，纵横的溪流水源、连绵的群山植被为陶瓷业的发展提供了优越的物质条件。境内蕴藏丰富的瓷土矿产。闽北的制陶业在宋代空前兴盛，瓷窑遍布，有崇安遇林窑、建瓯小松郭际窑、延平茶洋窑、浦城大口窑、松溪九龙窑等，名重当时。建阳水吉池墩芦花坪的“建窑”颇负盛名（图1–1）。建窑是宋代的八大名窑之一，创烧于晚唐，兴盛于两宋，终止于元末；产品多为皇家贵族把玩之器，其窑口为官窑，出产的“建盏”是世界陶瓷史上的杰作（图1–2）。建盏与宋代文化血脉相连，中华茶文化的繁荣离不开建盏，而建盏的兴盛也得益于茶文化的发展，宋朝建盏曾为皇帝的御用茶器，引来无数帝王和诗人的赞誉。建盏制品带有浓厚的艺术神秘感，流露出人们对意蕴的追求和对自然空灵的青睐，深沉而厚静，古朴中透着典雅，平淡却又充满生机，如变幻莫测的星空，令人百看不腻，无不体现独特的美学特征，表现出与中华文化相吻合的美学思想。

图 1–4　建本“全相武王伐纣平话”

闽北刻书始于五代。建阳地处闽北，林木资源非常丰富，有“林海竹乡”之誉，梨树、酸枣树等雕版用材取之不尽，应有尽有。当时闽北制茶、制瓷、采矿等手工业的兴盛及商贸往来的繁荣，带动当地人流物流的密切往来，加之宋代闽北文化名人众多，游酢携洛学回到麻沙，朱熹晚年定居今潭城街道考亭村讲学，宋慈、惠崇、游酢、陈升之均出自建阳。天时地利人和，使建阳刻书业逐渐兴旺，并在宋元明时期达到鼎盛。宋代建阳刻书作坊集中于麻沙、崇化（今书坊村）两地，印刷户达数千户之多，刻书千余种，刻书、印刷数量均居全国三大印刷中心之首，号称“图书之府”，系全国三大雕版印刷中心之一。“宋代刻书之盛，首推闽中，而闽中尤以建阳为最。”坊刻书籍，内容丰富，各类经书和类书，印数甚多，明嘉靖《建阳县志》称：当时的麻沙、崇化“五经四书，泽满天下，世号小邹鲁”。史书记载“书市在崇化里，比屋皆鬻书籍，天下客商贩者如织，每月以一、六日集”。而当地居民“以刀为锄，以版为田”，每家每户童叟丁妇，写样、定样、雕版、印刷、装帧，操作自如（图1–3）。相传在书坊乡书坊村旁，还有个“积墨池”。昔日池中涌出之水漆黑如墨，刻书作坊可以直接取水印刷书籍。诗人查慎行到这里曾大为感慨，留下“江西估客建阳来，不载兰花与药材。装点溪山真不俗，麻沙坊里贩书归”的不朽诗句。当时“建本”刊印各类名人文集、诗选和工具书。刊印之书称“麻沙版”“书坊版”，统称“建本”（图1–4）。建本图书品类繁多，行销四方，由于刻书业的发达，麻沙、书坊也因而获得“图书之府”“书林”之美誉。建本的发展对闽北经济和文化的发展产生了深远影响。史书记载，宋时闽北产品“经分水关，下吴越如流水”，闽北境内车水马龙，商贾云集，可见建阳的雕版印刷业极为发达。

闽北还是福建主要的粮食生产区。闽北先民祖祖辈辈垦荒造田，兴修水利，种植庄稼，生产出大量优质大米，闽北当时就是福建“产米之乡”，人们用“食不尽浦城米”来形容闽北浦城县稻谷丰收的盛况。此外，闽北盛产的纸张、笋干、香菇也闻名遐迩，这些特产源源不断地往外输出，为闽北带来巨大的利润，这些都为古代闽北繁荣发展奠定了重要的经济基础。

第三节　闽北特色文化

闽北文化内涵丰富，覆盖面广，包容中国文化的方方面面，有理学文化、书院文化、方言文化、民俗文化、书坊文化、陶瓷文化、宗教文化、冶炼文化、建筑文化、旅游文化、茶文化、酒文化、蛇文化等，独具特色。中国著名思想史专家蔡尚思教授曾说：中国古文化，泰山与武夷。足见闽北文化渊源之深远，影响之广大。

一、理学文化

理学是两宋时期产生的主要哲学流派。理学是中国古代最为精致、最为完备的理论体系，影响深远。闽北是“理学名邦”，理学的代表人物杨时、罗从彦、李侗、朱熹以及他们的弟子都生于斯长于斯，正是由于他们弘扬理学，才有了著名的“闽学”体系。“理学名邦”从形成到发展，经历了两宋时期一百多

图 1-5　五夫紫阳楼“理学正宗”牌匾

年的历史，是一代传一代的师承关系（图1-5）。

朱熹在闽北生活40余年，其间包括学习、成长、治学授教和著书立说，最终成为孔孟之后最杰出的儒家代表。他倾毕生精力所著述的《四书集注》被历朝历代官方所采纳，被视为儒学正统，自宋朝起就成为维护社会安稳、安邦定国的精神支柱和公众认可的行为准则，对中国社会政治、经济、文化的发展具有重大影响，至今在社会主义制度下仍有着正面的作用，因此，闽北享有"闽邦邹鲁"和"道南理窟"的美誉（图1-6）。

图1-6　朱熹像拓片

二、书院文化

闽北历来重视文教，人才辈出。闽北是中原人迁徙入闽的第一站，随着西晋第一批士大夫入闽，汉文化输入闽北，尤其是隋唐以后，闽北人开始兴文重教、读书求仕。自唐朝延续至清朝，闽北共有大小书院百余所，闽北最早的书院为唐乾符年间在建阳崇泰里熊屯的鳌峰书院，现位于南平市建阳区西北莒口镇樟埠村，唐尚书熊秘定居于义宁（即熊屯）后，非常重视其子孙后代的教育，专门兴办家塾，以教后代子弟。宋朝初年，熊秘后裔熊知至，自号鳌峰先生，隐居熊屯，就把家塾命名为鳌峰书院。鳌峰书院教学内容为传统儒学，与后来的书院有一脉相承的关系。到了宋代，闽北书院曾盛极一时，得到空前的繁荣发展。书院主要承担办学、祭祀、藏书、学术研究等功能，在培养人才和传播文化等方面发挥了重要的作用。当时五夫镇的兴贤书院、邵武的和平镇书院、建阳的会文书院、崇安的武夷精舍等，吸引四方学子前往求学，营造出良好的学习风气和尊师重教的优良传统，培养一大批文人学子考取功名。闽北书院先后培养出2000多位进士和17位宰相，其中有邵武的李纲、浦城的真德秀、建瓯的杨荣等。历史文化名人游酢、刘勉之、刘子翚、李侗、朱熹、李纲、柳永、宋慈、严羽、黄峭、杨时、杨亿都受教于闽北当地书院。浓厚的学风促使闽北教育的兴盛，当地家庭求学重教的现象也蔚然成风。

三、方言文化

语言是文化的外在表现，其作为文化的载体和传播方式，对文化的发展起到积极的促进作用。方言文化作为闽北文化重要的组成部分，与中原汉人大规模迁徙入闽的历史紧密关联。东汉以前，闽北是越族的领地，土著居民长期在此生活，并形成自己独特的语言和文化，这些语言和文化与中原汉族的语言和文化截然不同，在此期间虽然有汉人迁徙到此，但对当地的语言和文化影响不大。到了三国鼎立时期，东吴人大批进入闽北地区聚居，随着迁移人口而来的汉语及其方言与当地的土著语言相互作用，对闽北地区的方言形成产生了重大影响。到了唐代，陈元光父子和王审知家族先后率领大批中州子弟入闽，他们将中原先进的文化和农耕方式带来，中原的语言也在此传播和使用，并与当地土著语言融合形成新的语言。到了宋末元初，由于战乱，大批浙赣人通过武夷山风水关、浦城的仙霞古道涌入闽北，使闽北语言渗入了吴楚语言和客赣方言的成分。通过历代的迁徙，文化的融合，形成了独特的闽北方言。闽北素有“八山一水一分田”之称，聚落之间因为交通不便，彼此甚少往来，而长期的习性沉淀形成相对独立的“方言群”或“亚文化群”，而大山正是方言和文化不同体系形成的主要影响因素和地理界线。

闽北地区方言丰富而复杂，目前主要有四种方言。一是闽北方言，主要为建瓯、建阳、武夷山、政和、松溪等地，属于建瓯语系，内部又可以分为建瓯话、建阳话、武夷山话、政和话、松溪话等；二是邵武方言，主要通行于邵武、光泽、顺昌等地，是具有闽、赣方言特点的闽北支系和闽中支系方言，其中各县市的方言也有差异；三是吴方言，主要分布于浦城县城及其北部十二个乡镇，主要带有闽、浙方言特点；四是北方方言，主要分布在南平市延平区内以及西南部的西芹镇。这四种方言虽然同是闽北语，但彼此之间存在较大的个体差别，致使闽北方言有着多样性特性，对闽北的进步和整个闽北文化的发展都曾有过重要的贡献。

四、民俗文化

1. 四平戏

《辞海》的“声腔·剧种·四平腔”条目载：“‘四平腔’，戏曲声腔。明万历年间由传入徽州（治今安徽歙县）一带的江西弋阳腔稍变而成（见顾起元《客座赘语》）。”（图 1–7）。四平戏其角色行当齐全，表演风格独特，生角讲文雅，

图 1–7 村民观看四平戏（图片来源网络）

图 1–8 四平戏戏谱

旦角求细腻，净角重粗犷，表演时不同的行当，手脚动作均按各自规定的口诀进行，腾、挪、滚、打，随鼓声的轻重缓急而变换更替，加之鼓、钹、板鼓等打击乐器衬托，场面十分热闹，深受观众喜爱。四平戏属于高腔系统，为“弋阳腔”遗存，声音浑厚古朴、高亢粗犷、清新优雅、悦耳动听，且承弋阳腔中“一人成声而众人相和”唱腔技巧。四平戏多为传统剧目如《陈世美》《琵琶记》《八卦图》《白兔记》《九龙阁》等几十种（图 1–8）。四平戏属于地方性剧种，由于流行区域局限，起步较晚，所以尚处原始状态，但它较好地保留了明代的声腔艺术形式，被戏曲界誉为“中国戏剧活化石”。

2. 三角戏

闽北三角戏大约起源于明清之际。由花鼓戏、黄梅戏、采茶戏、本地民歌融汇演变而成，是流传于福建邵武、光泽等地的一个地方剧种。因其原初仅有小生、花脸、花旦三个角色，故名“三角戏”（图 1–9）。闽北三角戏所有剧目题材大都取之于农村日常生活，多为家庭纠葛、男女爱情、悲欢离合的故事。三角戏多为喜、闹剧，故又称“家庭戏”，剧中人物多为农村的夫妻、兄妹等，当地百姓对“三角戏”的评价是：“没有皇帝没有官，越看越心宽。”三角戏的表演程式集做、念、唱、打于一体，亲切朴实，自由活泼，用

图 1–9 闽北三角戏（图片来源网络）

方言对话，用普通话或本地话唱词，直白易懂，三角戏表演形式活泼自由，亦歌亦舞，通俗开放，以咚鼓、大锣、小锣、小钹、木鱼等乐器烘托气氛。唱腔上选以采茶调、山歌曲调、坊间小调为主，没有规定的程式要求，但有通用曲牌和专用曲牌，如专用曲调《双劝夫调》《凤凰山调》和通用曲调《湖广调》等，还有些是以角色名称和地名来定调。

3. 傩舞

邵武傩舞俗称“跳番僧”“跳八蛮”等，是一种具有驱鬼逐疫、祭祀功能的传统民俗舞蹈。始于宋代，现流行于邵武的大埠岗、和平、肖家坊、桂林、金坑等乡镇（图 1–10）。邵武傩舞在面具、服饰和舞蹈动作等方面保留了祭祀乐舞中的驱傩原生形象，傩舞面具多以梧桐木或者樟木雕刻而成，色彩鲜艳、造型夸张，人神鬼兽造型各异，有的青面獠牙、豹头环眼，有的慈眉善目、温柔敦厚，尽情展露各自形象的性格特征，有浓烈的民俗气息。

舞者头戴面具，脑后缀一块红布，以没有故事情节、没有说唱的原始舞蹈动作，走村串户，有着明显的古傩韵味，舞者随音乐跳跃腾挪，动作古老粗放又狂野稚拙，大有惊神怕鬼之态势。在此基础上又增添了春祈秋报、祈愿健康平安、祈盼生子添丁、祈求学业有成等新内容。邵武傩舞融中原文化、楚文化、古越文化于一体，同时汲取释、道、儒和民间信仰之精华，展示出一种混合形态的傩文化，是闽北

图 1–10　邵武傩舞

古文明发展过程中积淀下来的宝贵文化遗产，被誉为古代舞蹈“活化石”。据邵武市志记载，“坎下村的前山坪自然村现仍立有一方道光十五年记载傩祭活动的石碑”，在坎下村中的中乾庙也保存有一本《中乾庙众簿》，其中有记载历代傩祭之事。

图 1–11　松溪竹贤傩舞（图片来源网络）

松溪县的竹贤傩舞又称“跳仙尪”（图 1–11）。相传竹贤傩舞由江西传入，已有数百年历史，是民间舞蹈又一“活化石”。在松溪县渭田镇竹贤溪流域的竹贤、角歧、木坵、山镇等村一带，傩舞一度繁盛。竹贤先民出于对自然环境的敬畏，尤其对水患频繁威胁人畜生存的惧怕，通过举行“跳仙尪”，以求诸多“神灵”一同驱逐瘟疫。久而久之，竹贤傩舞便成为当地的传统民间舞蹈。竹贤傩舞保留着古傩文化中戴面具的特征。舞者头戴由桐木雕刻、彩绘而成的面具，脑后缀一红布。舞蹈由 8 个角色组成：顺风耳（单犄角面具）、千里眼（双犄角面具），穿汉夹衣、赤脚、打绑腿；华光天王（面具绘三只眼），穿蓝长衫、布鞋；关公（红脸），着白布衫；关平（白脸），穿青布衫；海清（道士），身披道服；白蛇、青蛇（花旦脸），分别穿白衫裾和青衫裾，代表“厉鬼瘟疫”。

竹贤村尾有一大奶庙，每年正月十五和八月十五都举行庙会，每年初八至初十也都要举行傩舞活动。头一天跳大奶，跳大奶是傩舞的一个部分。四名儿童戴上面具，挨村走跳，锣鼓声声，鞭炮震天，热闹非常。翌日，即开始傩舞活动，驱鬼逐疫，调理四时阴阳，以求寒暑相宜，风调雨顺，五谷丰登，人畜平安，国富民丰。

4. 木偶

浦城的传子木偶至今已有 300 多年历史，其诞生于清顺治年间，是福建省浦城县民间艺人创造的独有的木偶新剧种，属提线木偶。据传，清顺治年间浦城绅士王秀明为满足其聚友吹唱娱乐，突发奇想，命工匠仿《水浒传》108 个好汉的形象刻制成 108 个木偶，饰以戏曲服装称 108 将，以提线技法演出隋朝至明朝之

图 1–12　浦城传子木偶

间发生的历史故事（图 1–12）。延平塔前大腔金线傀儡戏自明代传入闽北后，即以师承形式发展，按师承路径追寻，原傀儡戏中心应在延平石伏村。早年闽北山峻峡深，村民生活贫困，不少人靠演傀儡戏、做巫道谋生，清咸丰时傀儡戏兴盛发展达几十班之多，呈中心辐射状向外传播。

5. 挑幡

图 1–13　建瓯挑幡（图片来源网络）

建瓯民间传统绝技挑幡至今已有几百年的历史。相传明末抗清英雄郑成功招募大军收复台湾，当时建瓯大洲村的青壮年积极应征入伍，台湾被收复之后，部分将士于农历正月二十四凯旋回乡，全村百姓欢天喜地搭台祝贺，当时将士们将带来的军旗系于长竿之上尽情挥舞，以纪念为国捐躯的弟兄，自此每年正月二十四，大洲百姓就按例将长竿装点一番，敲锣打鼓尽情舞动以表庆祝纪念之意，久之就演变成为建瓯特有的挑幡习俗。

制作挑幡的竿选用当地碗口粗的上等毛竹，约 10 米长，15 公斤重，削去枝叶，晾干，用朱红油漆，绘上吉祥图案。竿的顶部有一座用竹骨和彩绸制成的六角宝塔，四周缀挂数只小铜铃，宝塔顶上扎有彩灯，塔底顺竿悬挂一幅彩幡，上面绣有吉祥词句。表演时锣鼓震天，表演者有的手舞身转，有的肩挑脚踢，时而头顶长竿，时而鼻托牙咬，人人技艺精湛，个个身手不凡，演兴至时还你争我夺一竿，竿旋旗飘，群幡挥舞，精彩异常。挑幡表演招式有“手舞东风转”“脚踢西方柱”“肩扛南天松”“肘擎中军令”“牙咬北海塔”“口挑百战旗”“鼻托乾坤棒”“腰掸日月星”“头顶一片天”等十二招式，跌宕起伏的套路令人目不暇接，叹为观止，成为根植于闽北土地耀眼的艺苑奇葩。2008 年建瓯挑幡被列入第一批国家级非物质文化遗产扩展项目名录（图 1–13）。

6. 龙鱼戏

龙鱼戏是流行于武夷山市五夫镇的传统民间戏种，是一种独特的传统民俗文艺形式。据考证，五夫龙鱼戏原为乡人迎春纳福，祈求风调雨顺、国泰民安的民俗活动。龙鱼戏表演分四个片段，第一节为“连年有鱼”，主要由“游鱼、采水、绕鱼、扎辫子”等情节组成，寓意连年有余。第二节为“群鲤斗乌龙”，主要由“乌龙现身、乌龙搅局、群鲤斗乌龙”等情节组成。第三节为“鲤鱼跳龙门”，主要由“鲤鱼跳龙门、大鲤变龙鲤、龙鲤战乌龙”等情节组成。第四节为“登科及第贵盈门”，寓意文人才子十年寒窗苦读终于登科取仕、可立志修身治国平天下（图 1–14）。五夫龙鱼戏的表演简明易懂，从生活中来又到生活中去，是五夫先人智慧的结晶，符合当地群众的审美取向。龙鱼戏所需主要道具有高照恭灯、牙旗灯、莲花灯、鲤鱼灯、龙鱼灯、黑乌灯、水纹灯、龙门灯等。其制作过程较为烦琐，通过选料、加工、塑形、蒙布、喷漆、晾干、彩绘等多个环节制作而成，制作出的龙鱼灯色彩艳丽，熠熠生辉，具有很强的观赏性。与传统舞龙相比，其更加注重故事情节的表演，舞蹈简洁灵动，“水波起伏”“鱼龙打斗”“龙鲤嬉戏”等众多招式直接而形象，显得古朴原始，甚至带有明显的古闽越族文化元素的特征。2011 年，被列入福建省第四批省级非物质文化遗产名录。

7. 柴头会

柴头会是武夷山民俗文化的一部分，极具地域特色，在民俗文化中占有一席之地。据传武夷山柴头会源于清末，当时县太爷对农民十分苛刻，只允许农民挑柴，携带一些药材、竹木家具等进城，从而激起广大农民的不满和反抗。

图 1–14　龙鱼戏表演“群鲤斗乌龙”（图片来源网络）

图 1–15 武夷山柴头会

1866 年，四乡农民在陈顺光的带领下，手持扁担、木棍举行起义抗争，迫使县官张贴告示公布免除农民的“竹丝税”“明笋税”“茶叶税”等税收。百姓为了纪念这次起义胜利，决定每年农历二月初六各乡镇三山五岭间的百姓都会集于城里举行庆祝盛会，取名曰“柴头会”，后来经过不断演变发展成如今的竹制、木制、铁制的农业生产用具，以及种子、耕牛等生产资料、生活用品的繁华交易活动（图 1–15）。

8. 抢酒节

邵武市的洪墩镇河坊村是千年古村落，这里的“抢酒节”比过年还要隆重热闹。每年农历九月初一凌晨，村民便提着香烛、鞭炮和三牲等祭品陆陆续续前往将军庙祭拜赵子龙。村前空坪中央早就放置两个大木桶，上面写着“赵大将军”的字样，村民将带来的自酿红酒倒入大木桶，然后手持瓢盆，翘首以待，只等时辰一到，即蜂拥而上开始抢酒，与此同时锣鼓齐鸣，呐喊助威声响成一片，场面热烈壮观。中午，家家户户都会炒菜烫酒招待客人。午后，村民会抬着赵公赵母的神轿一路敲锣打鼓地在村里巡游。据《桃溪冯氏族谱》记载，开皇十一年（591 年）九月初一，时值秋熟，河坊村村民用家酿红米酒宴请前来视察的隋朝兵部尚书冯世基将军，对助民修水利、改沼泽、造良田的驻军表示感谢。冯将军指着赵子龙的神像，说：“我们在这里屯垦，就是要安邦定国，希望大家能像三国的赵子龙那样忠勇。这第一杯酒，还是先敬赵大将军吧！”军民听后，竞相舀酒抢着向赵子龙神像叩拜敬酒。“抢酒”活动就此传承下来，在漫长历史的演变中形成了沿袭至今的、具有独特地方性的“抢酒节”。

第二章　闽北古村落形成及建筑特色

第一节　村落营建理念

人居文化是指聚落空间形态及其蕴含的人文理念。它主要通过村落的选址与布局、民居建筑风格与功能等方面体现出来，反映的是人与自然的关系。风水学称“堪舆学”，是中国古代一种关于住宅、村镇及城市等居住环境的基址选择及规划设计的学说，在中国建筑学中占有重要地位，可以说，从古至今，凡营建没有不讲究风水的，但各地区对风水理论的应用却不尽相同。

中国古代专门论述居住环境与布局的代表性著作《阳宅十书》开篇写道：“人之居处，宜以大地山河为主。”《宅经》也把大地看作是整体有机的，认为选择良好居住地的前提是“宅以形势为身体，以泉水为血脉，以土地为皮肉，以草木为毛发……”这样才能获得有生机的理想居住之所，以至中国的古村落都以注重与自然山水风光的融合为重要特征。

闽北境内山势高峻，峰峦林立，河谷和山间小盆地错综其间，形成以丘陵山地为主的低山地貌特征，为典型“八山一水一分田”环境特征。民居聚落在选址中主要考虑的就是聚落与山、水之间的关系。闽北古村落的环境空间绝大多数是依山傍水靠近水源，依山傍水可以使居民生产生活更加方便，更重要的是因为闽北古村落的营建受中国早期的大地有机自然观的影响，认为人与自然是一个有机的整体，人要与自然同生同息，大地山河是人类赖以生存的物质空间，所以，人类聚落的营造，首先考虑的是贴近自然，要“以泉水为血脉，以土地为皮肉，以草木为毛发”，建构一个充满生机与活力的聚居空间。

一、自然环境

对于自然山水的偏爱和亲近，人类一直都没有停止过。古往今来，无论帝王将相，还是平民百姓，无论是东方，还是西方，接近自然、崇尚自然之情，都是相同的。孔子曰“知者乐水，仁者乐山”揭示了“人”与“山水”之间的有趣关系——即人与山水之间应该是朋友关系，也就是说人与自然应该和谐共处、相互依赖，从而达到“天人合一”的理想境界。

闽北传统古村落大多坐北朝南、依山傍水、土地肥沃、植被繁茂，这与开基的先祖眼光有极大关系，他们尊重自然，在肇基择地时综合考察地形、水文、土壤、气候、朝向等因素，没有大规模挖山填谷，而是顺应山势溪流，就连修建小路也沿山顺流，蜿蜒曲折，或顺势而下，或拾级向上。随着人口增加，生产发展，后期村落扩展包括宅基地、农田、耕地、水利、防护林等都要遵循自然环境合理规划安排。先民在村落选址时讲究风水，要找“龙脉”所在之处，称前方近处之山为“朱雀”，后靠之山为“玄武”，左右两侧护山分别为“青龙”“白虎”，中间平地称为“明堂”，也是村落所在地，这样既有利于借地势获得开阔地带，聚居生活；又可凭“枕山”挡住北方寒风来袭，居溪流上方亦可避免洪涝灾害。

闽北古村落在定居之前的选址工作中，对水的选择尤为挑剔，对水的来势和走向都有一定的要求，水对于人类生存、生活、生产都是极为重要的，离开水人就无法生存。古村落择址枕山面水，便于人们利用水资源进行生产生活，夏日可凭借溪流水面的凉爽清风调节村落的气温。平日溪流可冲刷村落生活产生的污秽，改善村落的生态环境。村落选址朝向也至关重要，因为中国位于北半球，村落坐北朝南能获得更多日照时间，既能够促进农作物生长，也有利于居民的生活与健康，而深厚的土层和肥沃的土壤，再加上充足的日照和丰富水源，植被长势更为繁茂，扎根深层能很好地保持水土，涵养大地。此外，村边风水林既抵挡风沙煞气，又可掩映村落建筑，与青山绿水相连形成景点。

村落的选址多考虑靠近农田或山林，以方便生产及留有发展余地，便于与周围的山水形势相协调。先民择址重视了解环境面貌，寻找具有美感的地理环境，表现出他们鲜明的生态意象。

闽北古村落的建造从择基到布局都遵循一个原则，即强调与自然山水和谐相融，因而表现出明显的山水风光特色。“天人合一”是中国传统哲学思想，把人视为大自然的一部分，将人融入大自然之中，只有顺应自然山水变化规律，才能更好地将自然山水的资源为人类所利用。

闽北有着特殊的气候特征和自然地理条件以及聚集型的居住形式，不同程度诱导各种自然灾害隐患的发生，如春季洪涝泥石流、秋冬的枯水期干旱等。随着人口的增加和扩张开发，森林被砍伐，山野被垦荒，矿产被开采，势必造成自然生态失衡，从而加剧自然灾害发生的频率和强度，所以坚持“天人合一”的理念对保护村落生态环境有着重大意义。

闽北古村落在开基定址时，总要考虑风水因素，在茂密的树林旁建设民居房舍，使树林成为村落的屏障，树在村中，村在树中，情景交融，相得益彰。后来演化为种植风水林，风水林也称挡风林、挡煞林，树木多为樟树。风水学上有“煞气”的说法，认为大地时有不吉利的气流、气场、煞气会损害人的财运、健康和寿命。山间盆地内部的小河或溪流出口处，便是煞气集聚的地方，要在村落周边合适的地方种上风水林把煞气挡在村落外面，不让煞气进入村落危害人们健康，同时还能有效地避免村落遭受洪涝灾害的侵袭，所以很多古村落在村规民约里写有“不得在风水林里砍伐与放牧，违者必给重罚”的条文。镇锁水口普遍采取造桥、修庙宇或建塔堤等方法，既可镇锁住村落的风水，也方便交通和营造环境景观，弥补大自然的不足，形成理想的宜居环境。

在自然界中符合上述理想条件的风水宝地很难找到，于是先民就选择通过移填整治地貌、疏导水道、修堤筑坡、开渠引水、穿村绕流、挖塘蓄水、修建风水林等建设手段，以人工构景作为风水的补救。村落选址以在村外较远处看不见村内房屋处为佳，隐蔽物最好是森林茂密的山，也可以是树木竹林。闽北古村落的布局采取“小”“散”“隐”的手法，通过化整为零，将建筑分散隐蔽于山林之中，顺应山势，力求将建筑与山地植被、溪流、山石等肌理融合，让建筑在“小”“散”“隐”的状态之下与自然相互渗透，其目的就是最大限度地减少对山水自然环境的改变。

闽北古村落的这种建造形式是人与自然生态有机结合的结果，体现了真正意义的“天人合一”，既充分尊重自然，又发挥人的主观能动性。讲究人与自然和谐相处，实现人与自然完美“合作”，既有效利用自然又不轻易破坏自然的本质面貌，达到人与“天”的平衡，中国传统“天人合一”的自然观就在这种“生态平衡”中得到体现和落实。

二、宗族礼制

中国古代社会的重要特征之一就是宗族制度盛行。在原始聚落中以血缘关系为纽带而组建扩张的村落，数千年来一直是中国传统村落的主流形态。这是一种以血缘关系派生出的“空间”关系，是宗族体制的重要形式。闽北属于以移民为主的社会，先民迁徙到一个陌生的环境，为了能够更好地生存，仅仅依靠个人的力量是远远不够的，所以要长时间维系其宗族强大势力，借助宗族群体力量在当地扎根繁衍。因此古籍中规定：“君子营建宫室，宗庙为先，诚以祖宗发源之地，支派皆源于兹。”闽北古村落的布局便习惯地以宗祠为中心展开，在平面形态上形成一种由内向外自然扩展的村落格局。宗祠不仅是村民心理场的中心，也是村落文化的焦点和醒目标志。宗祠多建于村内交通方便的地方，以宗祠为中心的道路网可通达村内各地，村民进出村多经此而行，成为村落交通要地。

三、宗教信仰

闽人之好淫祀，自古有名。晚唐诗人陆龟蒙在《野庙碑》一文中有形象而具体的描述：“瓯、越间好事鬼，山椒水滨多淫祀。其庙貌有雄而毅、黝而硕者，则曰将军；有温而愿、晰而少者，则曰某郎；有媪而尊严者，则曰姥；有妇而容艳者，则曰姑。其居处则敞之以庭堂，峻之以陛级，上有老木，攒植森拱……牲酒之奠，缺于家可也，缺于神不可也……”通过具体的形象与建筑来表达自己意识形态的信仰，这是闽北先民崇拜宗教信仰的一种做法，也是精神上的慰藉，并融入村落环境建造之中，于是村内外为数众多的大宫小庙零散遍布，形成杂神崇拜的特质（图 2–1）。

图 2–1　村落旁小庙里的众多神灵（图片来源网络）

四、人文情感

由于中原很多名门望族、文人雅士移居入闽，带来了先进生产技术，同时也把山水诗和山水画的意境引入村落营造，实现了村落与诗境画境的统一。村落为传统耕读文化的产生与发展提供了现实空间，文人也为村落注入了新的文化形态，他们崇尚山林，常常陶醉于田园山水，为村落山水画点景。较为典型的有闽北古村落盛行的“八景”“十景”。据清代乾隆年间撰写的延平宝珠村《宗谱》记载，这里原有八处胜景：“双虹卧波、灵龟吐雾、岩鸡唱晓、石铎传音、东林摆月、北丘凌云、赤壁瀑布、垄坛清风”；武夷山城村“八景”分别为“故城春色、东山夕照、天马浮岚、狻猊涌翠、周道孤松、曲滨聚艇、丽谯风月、宝盖桑麻”；周宁的赤岩村“八景”分别是“虹桥鞭影、鱼山远眺、圣殿春烟、崇寺钟声、仙岗夏云、梅溪跃鲤、榅岭鸣蝉、帽石中流”；南宋末年著名爱国诗人谢枋得为建阳书坊题写的“书林十景”分别为“书林文笔、仙亭暖翠、龙湖春水、南山修竹、岱嶂寒泉、云衢夜月、华峰霁雪、宝应朝阳、仰寺疏钟、龟岭暮霞”，并为每处景观都附以诗歌进行阐释；屏南的漈下古人将古村景观归纳为“漈下三十六景”，具体包括“云路门、侯门岭、迎仙桥、峙国亭、聚宝桥、爵阶亭、登瀛宫、凌云寺、飞来庙、郑公堂、墩上洋、洁霞岭、新中牌、旧宠邦、瑶台石、玉壶峰、甘墩坡、山昆边岩、广通桥、恩诏门、华丽街、钱满池、马鞍山、羊蹄路、嵩顶岩、可谨岩、莲华寨、任砥岩、赢筹岩、桃源岩、飞龙瀑、伏凤坡、梁州峦、丹砂岗、美沙堤、倚马磉”，文人的村落山水点景促进诗情画意融入村落的营建之中，也表现出闽北先民蕴含的文人志趣和儒雅风范。

五、安全防御

闽北地域山脉纵横，连绵环绕，境内由低山丘陵围合成大小不一、为数众多、山环水绕的谷地和盆地，那些相对平坦的谷地和盆地是适合村落居住的地形。闽北古村落在选址时多选择山环之地，临水而居。安全防御是人类得以生存发展的最基本需求，聚落则是人类为了安全防御的需求而形成的空间聚集体，从原始居住地到原始聚落的转变，实际上是人类重视安全问题的肇始。

由于闽北很多村落坐落于偏僻大山谷之中，与周边村落联系不便，常受土匪和贼人的侵扰，为了避免外来侵略，村落会以不同的模式修建防御工事，从而形成了多样化的防御特色。有的村落在重要位置，如主要出入口或制高点等地设置3~4 层坚固碉楼和哨楼。碉楼设有“望眼”和“枪眼”，顶层四角设置外挑的防御哨楼，有专人值勤看守，易守难攻，既是匪患发生时的防御观察制高点，也是

图 2–2　防御哨楼

图 2–3　村落里用于防御的巷门

村民的临时避难所（图 2–2）。巷道的交界处设有厚实的巷门，门板采用铁皮包裹，可以有效避免劫匪火攻，通过村门、巷门、坊门和房门等组成的街坊式（街巷式）防御空间模式（图 2–3），能高效地组织村民抵御外来入侵。还有的村落通过建筑墙体，将整个村落用围墙围合起来，只留大门作为出入口，内部建筑纵横交错，首尾相连，形成一个庞大的整体，以此确保村民生命财产安全。许多村落街巷采用自由的网络布局，形成较为稳定的街坊、邻里关系，以便遭匪徒袭击时可以相互联系和救援。

强化防御能力是自原始聚落以来村落营造规划的重点。闽北古村落的移民多身历险境，见识过重重艰难险阻，他们对村落的安全防范，也就更加思虑周全。闽北古村落营建中讲究安全意识，还体现在对选址的严格要求上。村落大多依山近水，有险可守。此外，有的还在村落外围建立起完备的防卫工事，如寨墙、寨门、碉楼等；在村内巷路和过街楼的设计上也思虑周全，防患于未然。这类村落堡门坚固，有的在寨墙、碉楼上开设枪眼等，具备很强的防卫与抗攻击能力。必须指出防御工事并不是一个村落构成的必要因素，而是与当时的社会环境、生活习性及民众心理密切相关的一种阶段性建筑。这些设施往往与地形结合，因地因时而建。

闽北古村落选址、规划、布局是一个复杂的过程，其深受中华传统文化的影响，在追求天人合一的同时，将山水情结、儒家文化、宗族观念、人文情感、安全防御有机融入，但有时也往往又是此重彼轻、各有侧重，体现出村落营造的灵活性和生动性，使得闽北古村落展示出多样化、个性化的特征。

第二节　闽北特色村落

一、下梅村

中国历史文化名村下梅村为武夷山一个行政村，位于市区东面十余千米处，由于整个村庄位于梅溪下游，故名下梅。下梅村坐落于盆地中心，坐北朝南，四面山环，一面水抱，是典型的盆地型聚落，也是理想的居住之地。村庄地势平缓且低，田园位于盆地之中，周边山清水秀，四周峰峦环绕，南面芦峰高 900 米以上，高山如障，可抵挡夏季之风；北面夏主岭 800 米以上，可挡冬季之风；东西两面为黄竹岭和后山岭，海拔都在 400 米左右，有利于延长日照时间。

下梅村坐落在梅溪以东，梅溪自东北向西南绕村而过，是村落重要的水运通道，构成下梅村一字临河型聚落格局。村内有一小运河，运河自东向西贯穿全村，名曰“当溪”，长约 900 米，在村口与梅溪交汇，组成“丁”字形水网（图 2-4），从而使下梅村民生产生活用水方便，水路交通便

图 2-4　中国历史文化名村——下梅（图片来源网络）

捷。如此布局把村落与山、水、天、地融为一体，组成自然和谐、优美宜居的江南水乡的风格，整个村庄呈现“山气刚，川气柔”的风水意象，堪称“藏风聚气”之地，给下梅村带来蒸蒸日上、日益兴旺的祥瑞景象。

下梅村因历史悠久，人文荟萃，文化积淀深厚，2005 年被评为“中国历史文化名村”。据史料记载，下梅村形成于隋朝，唐代在此设立驿道，宋代始有里坊，明朝有了街市，清朝时达到鼎盛，并一度成为武夷山茶叶重要的销售集散地。茶叶贸易发展为下梅村的茶商积累了大笔财富，并纷纷在当溪两侧建宅修祠，从而形成了一个独具特色的建筑组群。至今，下梅村仍留有清代古建筑三十余栋，这些建筑不仅布局合理、工艺精湛，而且在建筑雕刻装饰方面也独具艺术特色。

下梅村的空间格局，可以用“一轴”“一边”“两中心”来描述。“一轴”即以当溪及两岸南北走向的街道为中轴线。“一边”即以过境兴梅路为西界，整个下梅村分为溪北和溪南两大片居民区，其中溪北地势较高，较早被开发利用，诸多条横贯东西与纵穿南北的街巷构划出村落的整体框架。“两中心”即礼制中心和宗教中心，下梅村古建筑类别甚多，有礼制建筑、宗教建筑、风水建筑、商贸建筑、民居建筑等，邹氏为最大姓，居民大多以邹氏家祠为中心，沿当溪两岸辐射。当溪与梅溪的交汇口在当溪的水尾，也是全村的水口，下梅村的入口也位于此处，遵循风水学意象，村民在此筑建风水建筑“祖师桥”以锁水口，与水口、水尾周围优美山水景色构成观赏景观，成为视线焦点和下梅村外围的景观标志。

镇国庙为下梅诸姓共祀先祖之庙，坐落在下梅北街水口处。该庙最早供炎、黄二帝，同时还供社稷之神及苏武、关公等忠烈像。曾有许多在外践履仕途的家乡游子回到家乡后先祭庙中列祖，留下“为天地立心，为生民立命”“位卑未敢忘忧国”“邑有流亡愧俸钱”的爱国爱乡之情。后逐渐演变为敬神场所，供四大金刚、十八罗汉、碧霞元君诸神，香火旺盛。该庙取“镇国”之名旨在表达下梅百姓向往安居乐业、祈求国泰民安的愿望。现庙中保存完好的化钱炉砖雕十分精致，独占鳌头等浮雕图案栩栩如生，庙门口还有石敢当半截立柱。

二、五夫古镇

五夫古镇位于武夷山市东南部，距离武夷山度假区、国家级风景名胜区 45 千米，距武夷山市区 61 千米。五夫镇东边与浦城接壤，西边连接建阳将口镇，南边与建阳回潭村毗邻，北边相邻武夷山市上梅乡。全镇总面积约 175.76 平方千米。其四周群山环绕，风光绮丽，环境幽美，籍溪和潭溪抚镇而过，并在镇南汇合，实现了“山为骨架，水为血脉”的环境构想。这里钟灵毓秀，名家辈出，是一座历史悠久的千年古镇，自古就有“邹鲁渊源”的美称。

闽北历史名镇名村布局多为依山就势、顺应环境，其中有 80% 以上集中在山区，主要是山地聚落或山环水依的聚落两种聚落布局。五夫古镇地处中低山丘陵地带，境内群山环抱，溪水潺流便是属于山环水依的聚落。东临营盘岗，海拔 1158 米；南向笔架山，海拔 1026 米；西连蜡烛山，海拔 614 米；北依梅岭岗，海拔 797 米；中部是平川田畴，为典型的盆地地形。盆地中源于五夫黎岭的籍溪由北向南环绕村落，在古镇的西南端与东侧山谷间逶迤而来的潭溪汇聚后，蜿蜒向南流去，宛如“腰带水”缠绕。丰沛的水资源，平旷的土地，秀丽的山水格局，宜耕宜居，是古代社会士族名门的向往之地。

古镇有新老两个镇区，新镇区位于老镇区东部，于是就有“四山两水、两区并置”的空间格局。现在政府采用“保护老镇区，开发新镇区”的决策，有效保护古镇的历史遗迹，同时也注重满足古镇人民对现代生活的需求。五夫古镇的城镇布局系统自明代就已形成，至今仍然保存较为完整。古镇的布局、建筑形式和色彩等方面都表现出浓郁的闽北地域文化气息，与周围自然山体、溪流相互融合，体现了中国古代“天人合一”的哲学思想。

五夫镇现存的自宋代以来就形成的街巷串接成古镇的公共空间，是居民出行的主要通道。其中贯通古镇南北的主要街巷为兴贤古街，也是最能集中体现朱熹功业的地方。兴贤古街全长 1000 余米，由六个街坊组成，北自五虹桥始，南至文献桥，与西侧的籍溪平行。沿街分布许多历史文物保护建筑，如旌忠褒节坊、兴贤书院、刘氏家祠、王氏家祠、连氏节孝坊、彭氏节孝坊等。由兴贤古街向两侧延伸的枝状街巷众多，连接古镇内大部分的传统民居建筑，主要有凤凰巷、王家弄、周家弄、刘家弄、井富弄、奶娘庙巷等，街巷空间尺度多变，蜿蜒曲折。五夫镇还有一条朱子进入武夷山的第一巷，民间称之为“朱子巷”。据传当年朱熹经常去鹅子峰麓向岳父兼师长刘勉之求教，其经过这条小巷达数万次之多。

三、城村

城村位于武夷山市南部，地处崇阳溪南岸的河谷盆地之中。北面群峰环峙，南侧丘岗逶迤。由西边山谷间迤逦而来的崇阳溪，沿村北环抱村落后，折而向东南方向蜿蜒而去。澄澈的碧水，萦绕其间，形成风水学中的“腰带水”形的环境格局。村落东侧沿溪畔是一块带状的冲积阶地，沃壤天成，可穑可渔，为住民的生存发展提供了优良的环境。民谚谓城村村境“前有锦屏高照，后有青狮托背。左有空盖桑麻，右有铜闸铁闸”，形象地概括了城村“山围四面、水绕三方”自然天成的村居环境图。

城村位于汉代闽越王城遗址的北侧，为坐北朝南空间布局，古村东西宽845米，南北长约578米，总面积约48.8万平方米。赵、林、李是该村的三大姓，林氏号为“九牧林”，乃商代比干之后裔；李氏为唐高祖李渊之后；而赵氏则为宋太宗赵匡义长子赵元佐的后代，均为中原望族，自宋朝以来就先后迁居于此，至今族居数百年之久，逐渐繁衍拓展形成文化古迹众多的古村镇，享有“淮溪首济”和“潭北名区”之美称。

在村落的营建上，城村既有中原建筑文化对称、规整的传统布局特征，又表现出流布于闽北的风水术和安全防御等因素的营建特征。城村古村由4条街、36条巷、4门、4亭、2楼、9庙及庵堂构成。村内四条主街呈“井”字形，街道由卵石铺面，分别为大街、横街、下街和新街。大街是全村的商业中心，五天一次的墟场就设在大街。除4条主街外，还有36条小巷纵横交错，其中一些小巷极尽迂回曲折之姿态，使人如入迷宫。小巷悠悠，古风依存，步履其间，仿佛进入历史的时间隧道。在村周围修筑有环形夯土围护寨墙，构成严谨有序并具有防御功能的村落。寨墙开设四道寨门：南为“古粤门”，东南角处为“庆阳楼”，东北角部为“锦屏高照”，西北端为“寺仁门”。门楼既是寨墙的大门，也是4条主街的出口，不但便于人车出入，还有很强的防御功能。高高的瞭望孔虽已破旧不堪，但仍然可以依稀感觉到当年寨墙高耸、村门紧闭的紧张气氛。门楼为单开二层楼房，底层石板铺地，有楼梯可上。门墙为青砖筑砌，古朴而坚固，如同一座堡垒。现在保存的门楼为清代建筑。

街道用河卵石铺面，两旁分设排水系统，由西向东、由北向南注入崇阳溪。村中古井随处可见，传说有九十九口之多，如今尚存三十余口。井台上的青石井圈被井绳勒出几寸深的印痕，井筒四周附生着蕨类和青苔。有的石井圈还刻有铭文，如华光庙边上的老井的井圈上刻：“梁皇会众嘉庆十三年十月仝立。磨刀者罚钱一千。”反映出当时的村民对公共设施的爱护和重视。

古粤门楼是城村南门村口的古老村寨门楼，额书“古粤”二字，人们习称之

图 2–5　城村古粤门楼

为“古粤门楼”（图 2–5）。门楼坐北朝南。据载始建于明代，清代重修，1984 年又进行维修。砖木结构，硬山屋顶，面阔 5.9 米，进深 9.7 米，门额上阳文楷书“古粤”，题额为砖刻，字体古朴苍劲，标志着城村与闽越王城的深厚渊源。据考古发掘资料推测，村南汉代古城最早应是闽越国所筑王城。城村原名“古粤”，古文字“粤”与“越”通用。古粤之名已历两千余年，流传至今，说明它与汉城遗址关系密切，是考证汉城遗址的年代与族属的线索。

城村古街上有庆阳楼、聚景楼、北帝庙、妈祖庙、观音堂、降仙庵、药王庙、奶娘庙、三官堂、关帝庙、慈云阁、华光庙、百岁坊、罗汉堂、古粤门楼、赵氏家祠、林氏家祠、李氏家祠等古建筑。其中华光庙、古粤门楼、百岁坊、慈云阁、林氏家祠、赵氏家祠、李氏家祠分别于 1984 年和 1997 年由武夷山市人民政府公布为文物保护单位。

城村中凡人口集中的地段都建有风雨亭。如今尚保留有四座，即村西的“神亭”、大街中间的“新亭”、村东的“渔家亭”和村口的“慈云阁亭”。人们茶余饭后或歇晌消闲相聚在这里谈天说地，是最富情趣的交往场所。亭内的条凳和

图 2-6　用于供奉神灵、村民休息的街亭

木墩，被一代代村民磨得油光发亮。一旦家庭或村民发生冲突，亭子则作为调解矛盾、解决争端的议事亭。据说这是上古时期“坊亭制”的遗风，至今犹存，令人惊叹（图 2-6）。

城村神庙建筑较多，有村北渡口的妈祖庙，南村口的华光庙，村东南的关帝庙、药王庙、镇国庙，村东北的降仙庵，村东面隔河还有玉皇阁等。就建筑面积布局而言，大小各异，繁简不等。民间信仰，泛神崇拜，佛道杂糅。一年数度庙会，热闹非凡。城村这些庙宇大多建在村庄的周边地区，据说是秦汉效寺制的遗风。

华光庙整个建筑由华光庙、文昌阁、古佛庙、慈云阁四个单元组成。占地面积 8700 平方米，其中慈云阁位于北半部，坐西朝东，其余均坐北朝南，呈一字形排列。该庙始建年代不详，据庙内碑刻记述，清乾隆年间由“赵姓出银重建”“林姓出银重建”。华光庙硬山式屋顶，抬梁式屋架，门额檐下施“人”字如意斗拱。面阔三间，二进五间，后部梁架基本拆换，庙内见清乾隆石碑，又称该庙为“慈云阁”。1984 年，华光庙、慈云阁公布为崇安县文物保护单位。

城村古民居大门多为砖雕装饰门楼，宅内多以三合院为一进，前后相连。大户宅院纵横可多达五进，横向可增 2~3 条平行轴，设侧门，以通道贯通。整个房屋外观古朴大气，硬山屋顶，以立砖空砌山墙，内部用质地较坚硬的木材构建，梁柱以斗拱交接，或施以精美木雕，或绘以淡雅彩画，朴素悦目，技法老道、流畅有力，地面灰砖铺地，青石台阶，屋内摆放明清家具等生活用品，散发儒家文化气息，洋溢明清建筑风格，可谓建筑经典作品。

四、杨源村

杨源村位于福建省政和县东南部，东连周宁县，北与镇前乡毗邻，西南接建瓯市，西北同星溪乡接壤，南与屏南县交界，总面积242平方千米。该村海拔近900米，冬暖夏凉，气候适宜，有“福建凉都”之称。在其周边有白水洋、佛子山、洞宫山等诸多风景名胜区，区位优势明显。该村历史悠久，民风淳朴自然，民俗风情多彩，文化遗产丰富，其中四平戏、鲤鱼溪和古廊桥最具特色。

村落位于山间谷盆地中，整体为山环水绕态势，鲤鱼溪由村西北处向南穿越村落后，曲折辗转向东面流去。村东北侧靠双凤山，与之相对的西南面是大大小小相互独立的低矮山丘，其环境地貌如《张氏族谱》中所云：“我祖原来本姓张，移自光州固始乡。基肇灵川飞凤地，宗繁族茂衍异常。”

古村里头有一条“九曲小溪”，由北至南从村子中间穿过，这是杨源先祖按风水学原理故意凿出的九曲。“九曲小溪”将古村分成两半，形成一种天然的曲线美。这条小溪水流潺潺、鲤鱼成群，它们悠然自得地在水中嬉戏，这里的鲤鱼受杨源人的宠爱几百年了，变得天真烂漫，毫无心机。相传唐末张氏祖先在迁入杨源之前，为卜此地是否吉利，在河中投放许多鲤鱼，次年，溪中鲤鱼成群，从此就在此定居，并立约禁止捕捞鲤鱼，还对偷捕溪中鲤鱼者给予重惩，从此爱鲤鱼传统蔚然成风，并世代相传。鲤鱼老死后，乡民还会将其打捞出来埋葬到“鲤鱼陵”。

杨源村平面呈团块状分布在鲤鱼溪的两侧。主巷道——溪头弄由西北至东南随地形变化曲折贯通全村。十余条次巷道以坡道或梯道的形式纵横交织于主巷道两侧。民居建筑由溪岸向东北山麓处次第升高分台布置，呈现出线性主轴明晰、空间层次丰富的山地村落环境格局。村中黑瓦土墙的老房屋，临水而立，一栋挨着一栋。穿过石拱桥，溪边有路，溪上有桥，展现出浓厚的水乡风情，人们可亲身感受“小桥流水人家”之美。小溪两侧有通向村落深处的悠长小巷，路面用石子铺成，两侧高耸的泥墙使人倍感小巷的深邃悠长。漫步在这深幽的小巷，观望这被千百年风雨侵袭而仍然高耸的凹凸泥墙黛瓦，古老的建筑密布在圆形的村落中，人仿佛行走在一个巨大的八卦阵里。这些古民居都采用土木结构，外层的高耸土墙只是防卫用的躯壳，屋内以当地盛产杉木为材料采用穿斗式或挑梁减柱式结构，梁枋、门楣、窗棂上都刻满鸟兽花草，呈现出厚重沉郁的文化韵味和深刻的时代印记。

在溪头弄的西北端，是村落旧时的主要进出口，一组建于双凤山山麓处的“圣母殿”“天王殿”“双凤寺”，构成了村落出入口的空间环境。张氏族人的精神中心——张氏宗祠位居溪头弄中部北侧，这里呈现出宗族血缘性聚落特色，民居建筑以祠堂为中心呈“向心式”布局模式。在溪头弄的东南端，也就是“九曲小溪”的水尾有矮殿桥和英节庙。矮殿桥用于关锁水口，其始建于宋崇宁年间，重建于1929年，桥长18.5米，宽6.5米，神奇之处在于不施一钉一铆却能保存至今。英节庙始建于宋崇宁年间，庙中奉祀唐代福建招讨使张谨。英节庙庙会定于每年的农历二月和八月。二月初八下午就开始演戏，初九上午游翁（游神），接下来继续演戏，直至初十晚上演一台封顺戏后整个庙会结束。八月初六的庙会也同二月初九一样举行。整条主巷道从节点空间设置到公建分布，表现出开合收放、变化有序的规划布局理念。

五、党城村

建瓯市东游镇党城村村落的空间布局着眼于整体规划，包括村落选址、村落朝向、建筑布局、道路交通等。闽北村落选址首先讲究风水走向，同时注重良好的生态环境，力求将村落建筑的形式、色调、布局与周围的自然环境相协调，表现出有机性、整体性和内聚性的高度统一，达到“天人合一”的村落建构内涵。党城村现有居民近600户2500多人，不少村民仍居住在此群落民居中。古民居大小略有差别，纵横高低有致，其整体布局崇尚自然，注重宗族意识，既合理利用空间，又达到相互照应，在空间布局与建筑特色方面凝聚着闽北古村落的精华，是闽北古村落的一个缩影。党城村枕山面水，坐西向东，属于典型的腰带水形聚落布局，村落前的松溪从东北面流入，在村北折而转向东南，沿村东弧曲南流，再折而从西南方向流出。村子正位于河流向外弧曲的内侧，即“腰带水”处，完全符合《堪舆泄秘》中所说：“水抱边可寻地，水反边不可下。”村落西靠猴头岗，北对牛头岭，而南面则有万亩良田，农耕条件十分优越。整个村落顺着松溪流势轨迹沿岸而建，形成一个狭长线形的空间布局，犹如一钩弯月守望在松溪之畔。这种枕山面水的布局有利于形成良好的局部地域生态环境和小气候，同时也能有效地避免洪涝灾害，还能为村民的生产生活提供充足的水利资源。

党城村由上村和下村两部分组成。上村俗称“龙头”，叶氏宗祠建于上村甘厝山半山坡上，地势为全村最高，处于尊崇位置，整个建筑靠山面水，坐西朝东，有“紫气东来”之意。宗祠旁建有文昌阁，即为右文书院。而叶氏族人的民宅则围绕宗祠、书院呈扇状分布，层层扩展，形成以宗族、祭祀、教育为主体的村落核心圈，体现出浓郁的家族血缘意识。正如林牧所云：“君子营建宫室，宗庙为先，诚以祖宗发源之地，支派皆多源于兹。”与上村相比下村的空间布局就显得狭长，主要聚居着黄氏等其他姓氏的村民。党城村寺庙都集中在下村古码头附近，有护龙寺（1783 年）、关帝庙、紫竹寺、回龙庙、林公殿（1846 年）等。这些庙宇分别供奉儒、释、道三教及当地神灵，从而形成多神并存的民间宗教模式。神圣的庙宇起到拱卫、保佑村庄的心理作用，它不仅是村民祈福纳祥、祭神朝拜的好去处，同时也为过往客商、船工休憩投宿提供了便利。这些庙宇与叶氏宗祠、右文书院、“君子乡”门坊一起被称为“党城八景”，它们共同组成村落中最重要的文化建构内涵和最具涵盖性的精神空间。

六、赤岩村

赤岩村地处福建省宁德市周宁县西北部的山间小盆地上，与政和县接壤，是闽北古道要冲之地。据史料记载，早在宋朝时期这里就有了村落，到了清乾隆年间因房屋向巡司衙前迁移而更名为司前村。后来随着村中人口逐渐增多，村民陆续将宅院建造在村边一座褐色砾石的小山丘上，因而取名为赤岩村。20 世纪 50 年代赤岩村划归为周宁县管辖，现为泗桥乡最大的行政村，人口有 2000 余人，村民以谢氏、王氏居多。《阳宅十书》开篇写道：“人之居处，宜以大地山河为主。”赤岩村枕山面水，坐西向东，整个村落修建在低缓小山丘上，遵循“山居不占耕地”的村落营造原则，周围有鱼山和众小山峰环绕簇拥，村西北及村西有水来，二水在村西交汇后形成“梅溪”，梅溪绕村西南沿行，至村东南角折而南行，再折后从水口山间向东流出，村民在水口二山之间架设石拱木廊屋桥。整个村落沿梅溪呈南北长条形展开，形成狭长的村落空间布局。农田主要集中在村东面的小平原上。依山傍水的自然风光，使村落小环境更为亲切，从而形成虹桥鞭影、鱼山远眺、圣殿春烟、崇寺钟声、仙岗夏云、梅溪跃鲤、榅岭鸣蝉、帽石中流的“赤岩八景”。赤岩古村落空间布局奇特，主街沿梅溪修建呈 S 形，突出防御性是赤岩村布局的一大特色。在村头、村尾的主道出口处各设一座瞭望炮楼，青石围砌成拱形门洞，夯土墙体厚达 1 米，楼内面积有近 20 平方米，可容纳多人，门洞上方安置 20 厘米厚的木质大闸门，坚固无比，在二楼墙体上还开设多个“望眼”和“炮眼”，整个炮楼虽然历经数百年却依然屹立于此，守望着村落。在村落主街两侧有十余条向里延伸的狭小多弯的幽巷，巷道多以青石和卵石铺设，纵横交错的小巷将村落分为若干个小块，陌生人进村，如入迷宫。在每条巷口或巷路中通常都会加设土筑楼堡，并且在巷路上横架木构天桥，若遇到紧急情况可以随时对外封闭，同时街坊邻里还可以互相照应，体现出“宗族聚居”的村落建筑布局的优势。

七、和平古镇

和平古镇坐落于福建省邵武市城南 45 千米，是个有着近 1400 年历史的古镇。古镇坐北朝南，背有来龙之山，东西伴水，左右护山；东西两面的和平溪、罗前溪环绕前行，交汇于镇区南面。古镇轴线南北走向，北高南低，缓缓而下，周围山环水抱，其空间格局与风水意象中的“背山面水、负阴抱阳”相符，是宜居之地。水尾之处建有灵仙宫，狮形山上另建聚奎塔，明万历四十四年（1616 年）建、袁崇焕题额，以镇风水。明万历十六年（1588 年），为防患匪盗，当地民众自发募集资金建造城堡，虽然历经 400 余年的风雨沧桑、刀枪烟火的冲刷与劫难，但仍然较完好地保存下来。古镇现遗存有 300 余栋明清古民居，以及古城墙、古街和百余条古巷道，这些都是先人留下的弥足珍贵的遗产。明万历二十年（1592 年），和平古镇在黄氏族裔首倡下，在古镇共辟 8 个城门，东西南北 4 个主城门上建有谯楼，现还保存东、北两座城门谯楼（图 2-7）。城门底层有以方石和卵石砌筑的拱形门洞，古代车辆可以从这里出入通行。城墙厚达数米，关起城门就如同一道铜墙铁壁坚不可摧，是典型的“城堡式”布局。在城门上建谯楼，古时作用非同小可，平时可眺望四方，战时站在最高层能及时观察到敌方方位、人数和武器配备情况，为保卫一方平安起到不可估量的作用。2005 年和平古镇被国家建设部和文物局评为“中国历史文化名镇”，2006 年被授予“福建省最美的乡镇”称号。古镇现存古迹众多，有闽北历史上最早的和平书院；有旧市三宫（天后宫、万寿宫、三仙宫）、旧市义仓、分县衙门（县丞署）和众多祠堂等。民国

图 2-7　和平古镇谯楼（图片来源网络）

乙卯年（1915年）重修的《中城黄氏宗谱》有颂曰："和平崱屴连云矗，邵水汪洋环如谷。巍然轩琅一祠开，燕翼贻谋歌有谷。"

古代人类聚落是以血缘为基础的聚族而居空间布局，因此中国古代社会是一个以血缘关系为纽带的宗族社会，宗族即具有同一血缘关系的人组成的团体，他们彼此信任，关系密切，相互帮助，有很强的凝聚力，这种思想意识在建筑上表现为各种宗祠、家庙，这些象征着宗族意识的建筑在布局上往往占据中心位置，族人则围绕自家的宗祠家庙聚集而居。和平古镇有黄、李、廖三大姓，自然就形成三大组团，彼此以孝道连接，看似松散，实则潜在的宗族血缘关系已经将他们凝成一个整体。

和平古镇在整体空间布局上遵循以顺应自然的方式获得适宜人类生存繁衍的居住环境的理念。将山水等自然因素纳入空间布局和人居环境建设的重要组成部分，坚持因地制宜、保土理水、因势施建等塑造整体空间形态的原则，注重人与自然环境相互协调，最大限度地利用地形、地物等条件来规划建筑群体和街巷空间布局，从而实现既满足人们的物质和精神的需求，又不损害自然环境的和谐共荣状态。实践证明，在漫长的农耕社会中，在生产力水平较为低下的条件下，这种尝试是成功的。

八、巧溪村

巧溪村地处建瓯、顺昌、建阳三地交界处的吉阳镇境内，村落坐落在一大致呈北东、南西走向的山间谷地中。四面环山，西南有海拔1384米的郭岩山为屏障，山谷南北两端为较平坦开阔的地带，被辟作耕田使用。饶氏先人择址于中部狭窄的地段上，体现出以农耕为主要经济形态和古代传统"让地于田"的择基理念。

村落沿山谷线走向展开。发源于郭岩山的一条清澈的小溪，由村西南往东北沿山谷线中部穿行而过，将村落一分为二。沿溪岸布设的两条主干道，随溪流走势贯通全村。从村头到村尾，设九座板桥跨溪沟通两岸，形成以溪流为主轴的带状空间格局。民居沿小溪两岸山坡建筑，依山傍溪层叠而上，数条次巷道由板桥的两端，沿山坡辗转而上，连至各民居的院落房前，村落结构清晰，布局井然。穿流村子中间的小溪以及从村头到村尾的九座桥、一座拦河石坝，犹似仙人棋盘上的楚河汉界和过河卒般散布在这块美丽的土地上。

同许多避世迁居的村落相似，在村落的营建上，饶氏族人极为重视其聚居地的安全防御功能。旧时，沿村周筑有围护寨墙，每距百米就有一座炮台，巷道的交点、转折处也多设置暗堡枪眼，配有铁铸大炮、老虎炮、枪、土铳，形成多道设防的安全防御体系，故以“铁巧溪”之名而称著于四里八乡。“文革”前，村中尚存十三座炮台，后因年久失修，寨墙、炮台等防御设施已经基本无存，唯有村尾处的寨门幸得保留。村尾寨门的券门上方嵌阳刻“巧水流长”砖雕，二层设望楼和枪眼，是古时村落的主要出入口。建于清咸丰元年(1851 年)的饶氏祠堂至今保存完好，大门用青石板精雕而成，正中竖刻“理学”二字，横楣雕刻“宋大儒家双峰饶先生祠”。进入大门，天井两旁有走廊，随后是大、小礼堂和三层康珊楼，整座祠堂富丽堂皇，雄伟壮观。

第三节　闽越王城

闽越王城是一座有着两千多年历史的古城，它位于武夷山市南面 35 千米处，枕山抱水，西以峻峭挺拔的武夷山脉为屏，南北两侧得岗阜山丘围护，一条溪流源自武夷山涧潺潺向东流至城边再转而由北向南环城而过。该城在创建选址时经过精心勘测和规划，整个城址方向北偏西 25°，呈不规则长方形，跨越 3 座连绵小丘，占地约 48 万平方米，相当于北京紫禁城面积的三分之二，足见其规模和营建所花的人力、物力和财力之巨大。城墙高约 4 米，大部分依山峦起伏之势筑成，西高东低，逶迤而下，就地取土夯筑而成，墙身依稀可见泥中夹杂着瓦砾、卵石以及当年夯筑时层层压叠的层次和夯窝的痕迹。城墙南北长约 860 米，东西宽 550 米，周长约 2800 余米。墙外地势平缓，少数地段陡峭，大部分为护城壕所环绕。东西南北各设城门一个，东门在东城墙南段，西门在西城墙南段，南门在南墙中段，北门在东墙北段，东城门外左右两侧各有一个人工筑成的小土岗，称“南岗”和“北岗”，经发掘发现北岗是庙、坛基址（图 2-8）。

城内有大型建筑群基址，已知有高胡南坪和北坪的宫殿建筑，以及下寺岗和马道岗。以高胡南坪建筑规模最大，面积达 2 万平方米，由前庭、中宫、后院三部分组成。前庭，平面呈长方形，东西长 75 米，南北宽 30.5 米，中间地面平整，四周环绕花纹砖铺砌的人行走道，庭外东、西、南三面为厢房，南面开两个大门，北面与中宫相连接。中宫，有主殿和两侧殿，呈东西向排列，主殿位于两侧殿之中，进深 24.7 米，宽 37.4 米，面积约 930 平方米，墙壁面用草拌泥抹平再抹白灰，部分残留彩绘。地面采用石础和横木架铺木地板，木地板高出地面 40 厘米。西侧殿面积 450 平方米，地面结构与中间主殿相同，都是架高于地面木地板，均属干栏式建筑。东侧殿大部分被破坏，仅存水池 1 处，同西侧殿的天井相对称。后院位于主殿和侧殿后部，地势较低，平面呈狭长形，主要建筑有廊庑和连接主侧殿的台阶、道路以及水井等设施。城址的东面和北面是一块冲积平原，沃壤良畴，自成天地。一边是天然屏障的合护，另一边是平坦开阔的平原，使古城越发显得气势磅礴，蔚为壮观（图 2–9）。

图 2–8　闽越王城城门

图 2–9　闽越王城宫殿遗址

图 2–10　闽越王城出土砖瓦

闽越王城建筑的装饰美体现在建筑构件精工细造的装饰上，出土的空心砖正面图案以绶带挂玉璧纹样为母题，间饰菱形等几何纹样；顶面饰繁密的重菱纹，纹样风格类似花纹方砖；背面及底面有的为素面，有的饰有粗绳纹。花纹铺地砖中部饰耳杯形变体菱纹，四边饰重菱纹图案，其装饰方法是用长条形模具逐排压印而成，四边纹饰均固定不变，中部纹饰有不同变化（图 2–10）。花纹铺地砖主要用于庭院回廊、天井、门道地面及过道的铺设。瓦当有文字和花纹两类，云纹瓦当最为常见，有阴纹和阳纹两种，瓦当正面分成内圆和外圆，内圆中央均作圆乳形，周围或饰珠点纹，外圆常作四分隔，隔线仅

图 2-11　闽越王城出土的瓦当

见双直纹，云纹构图多样，但同中原所出汉代瓦当没有差异；文字类瓦当，如“乐未央”“常乐未央”“常乐万岁”“万岁”等，内容与书法形态均同于关中所出（图 2-11）。

古城遗址出土器物甚多，完整和可复原的铜、铁、陶器达 4000 多件，砖、瓦、陶片有数十万件之多，陶瓷主要有瓮、罐、瓿、盆、碗、釜、匏壶、提等，还有钫、盒、鼎等，在器物的形制和装饰方面地方特色明显。经过鉴定，板片、筒瓦和瓦当都具西汉初、中期特点，菱形花纹铺地砖与中原战国至西汉流行样式相仿，与秦始皇陵和汉高祖长陵出土花纹砖相同。云树纹瓦当与广州南越国宫殿遗址出土同类形制一样。出土的镜、铎、盖弓帽、鼎、镞、弩机，均为西汉前期习见之物。铁器有斧、凿、锤、削、锯、锸、锄、镢、镰、犁铧、五齿耙以及剑、刀、矛、镞、钺、匕首、甲片等，多为生产工具和兵器，与中原战国至秦汉流行的同类器物亦无差别。

据《史记 · 东越列传》和《汉书 · 闽粤传》记载，闽越王无诸反秦佐汉有功，于汉高祖五年（前 202 年）封王立国，至汉武帝元封元年（前 110 年），汉发兵围攻闽越，闽越国除。在这 90 余年中，闽越族人民既保持了福建远古文化中的风俗习惯、宗教观念等，又在政治、经济、文化艺术等方面，效法中原内地，创造出灿烂一时的古国文化。

第四节　古村落建筑特色

一、建筑形制

闽北古民居建筑以砖木结构为主，即内木构承重和外砖、生土墙体相结合。为了使屋宇更为宽敞，则普遍采用挑梁减柱、穿斗穿插式的建筑手法，构造手法极具地方特色。民居外围墙体均由石、土、砖、瓦等依次构筑而成，并作封檐处理，墙面用石灰抹平，并描绘砖纹。高大的风火墙呈梯级形状，层层叠叠，檐角起翘，错落有致。墙上门窗跳跃般间隔排列，极富节奏感。屋瓦黛色与白墙形成鲜明对比，甚是美观。

现存的闽北古民居主要分有“竹竿厝”“三拼厝”和“库厝”三大类型，大多采用中轴线贯穿、左右对称的分进式空间布局，体现“执用两中”理念，符合中庸之道，达到仁和礼的完善、和谐与统一。

“竹竿厝”产生于明末清初，其空间布局为灵活的商住相结合的经典民居形式。其平面狭长，第一进为门厅，第二进为前厅和正房，第三进为两层楼房，楼下为后厅，楼上则是书房和阁房，厨房和饭厅则位于宅院的最后头，即在后进房披檐之下，沿纵深方向发展，犹如竹竿节节串列而得名。整个院落分区明显，空间利用合理，形成了典型的前厅里楼的建筑模式。“竹竿厝”多为前店后宅的居住模式，面向街道的大厅或为店或为坊，后宅多为生活起居之用，户与户之间仅以一道墙分割，沿街联排有序展开也很有特色。

“三拼厝”大多是中等人家居住，多为两至三进的土木结构瓦房。第一进为前厅，进深较浅，天井后为正厅，两侧为卧室，其布局特点以天井合院形式为主，由天井—厅堂—两厢组成。在装饰上一般较为简洁或者不做雕刻，用板隔间。整体布局呈中轴对称形式，大门多开在侧边，以便“藏风聚气”。

有些三厅四进的大宅院还会在门厅和正厅之间增设一个内大门，形成内、外双重大门的形制。通常在宅院的前、中、后会各设一个天井，这些天井不仅有采光、排水功能，而且还可植置花木假山，成为构建庭院景观的重要组成部分。在后天井位置设有专供女眷休息的“春亭”，并在前厅与后厅房梁上架起可装布帘的转轴，有客人时以布帘分界，女眷足不出厅。

闽北还有一些被当地村民称为“库厝”的古民居。“库厝”为古代富商和官宦的住宅，在闽北一些乡镇至今还保存了一批较为典型的大规模以库厝为代表的古民居群落。它是由多个并排的院落组合而成，有多重天井、多进房屋、多个厅堂，宅院前有广场，后有花园，被称为“乡村豪宅”。在建瓯川石乡川石村有一幢“千柱厝”，为川石平民林挺森于清康熙元年（1662 年）所建，据传该厝因有千根立柱而得名。整个建筑占地 1 万平方米，呈方块形布局，由三座宅院和一处院场组成，为封闭式土木结构瓦盖平房。第一座宅院横三进二六幢厅，横排三厅以防火墙相隔，进深间隔 2 米，四周高墙住宅，围墙两边各宽 5 米，用于构筑厨房等，各厅前均设进出大门，前墙有内外双重，间隔 6 米空间，外墙设一大门，石门框、双扇厚板门。第二座住宅在第一座住宅后，由两进厅和后院组成，厅两厢为鸳鸯

图 2–12　大厝之间便于亲人之间相互交流的“孝道”

房，后院筑有木构二层“走马楼”和假山、花圃。第三座住宅建在第二座住宅右边，由前厅、后仓库和厨房组成，第三座住宅前面是院场，有亭阁、鱼塘、菜圃、水井和晒场等。整栋大厝四周筑外墙与外界隔绝；内部宅院间隔 4 米，由卵石道连通，宅院内由子孙弄、门洞连接贯通；重要通道口设门楼，防火防盗自成体系，石板铺砌的天井长 5 米，宽 4 米，采光、通风和排水设施功能甚好。

此外还有“五房大厝”“六房大厝”之说，其实是由几栋风格相近的院落并列组成。长辈住宅通常位于中间，晚辈住处则向两边依次延伸。每幢建筑形制基本相同，只是大小略有差别。院落之间由风火墙相隔，使其具有相对独立的居住空间，每组风火墙都留有通道，方便慰问长辈，也便于亲人之间相互交流，当地人称之为“孝道”（图 2–12）。在共用的侧墙开设有门，门开启后，天井即相通，交往空间融合；门关闭后，天井即分隔，分开成独立的居住空间。这种布局既有利于增强家族的凝聚力，又可保持小家庭的相对独立，体现出朱子理学所倡导的长幼有序、和谐亲睦的家庭人伦文化内涵。故只要条件允许，多采用此种组合方式。闽北先民在追求传统建筑序列布局的同时，充分发挥他们的智慧，对宅第做出巧妙划分，从而形成“闹与静”“亲与疏”“男与女”“主与次”等多样化的建筑空间模式。

由于闽北地少山多，一些依山傍溪的村落为了节约用地会建造“高脚厝”式二层木楼房。下层以若干杉木柱为支架，形如高脚，既可防洪，又可避虫蛇，下层往往用竹篱圈围。也有的整座楼只用一根木柱，四面围墙，视木柱高度可建一至两层。楼上楼下隔若干间。“高脚厝”与武夷山汉城遗址中的“干栏式”建筑有相似之处。“干栏式”即用矮柱将整座房屋架起，底部空敞部分往往用作牲畜和堆积杂物的场所，上层前为走廊及晒台，后为堂屋与卧室。

二、门楼

门是室内与外界的出入通道，它是民居建筑中不可或缺的组成部分。《阳宅十书》中亦云：“门户通气之处，和气则致祥，乖气则致戾，乃造化一定之理。”古代门楼的建造不仅要注重风水，而且还是皇权、宗教、礼制、文化和社会地位的直接体现，有着很强的象征意义。从某种意义来说可以体现出建筑主人的精神追求、生活生产、风俗习惯、宗教信仰和审美情趣。在明清时代讲究风水堪舆的闽北，修建自家的住宅时，须根据自己的“生辰八字”和大的宅基地方位来测算选择大门的朝向、方位。中国儒家文化强调礼制、道德、秩序，并且主张“持两端而执中”的中庸思想，因而讲究“中心、中轴”为大的概念，在“门”的设计及营建上还注重对称、均衡的概念，这些关于门的设计与形态营造的理念在闽北古民居大量的实践中都有反映。闽北古建筑门楼形式多样，它们或精美华丽，或蔚为壮观，或昂然肃穆，或简洁质朴，呈现给人们多样化的艺术形象，蕴含着深厚的美学思想，有着极高的审美价值。闽北古村落现存的古民居绝大多数为清代风格，形制以小合院为单元进行组合。有些规模较大的宅院建有砖雕门楼；有些临街的住宅采用吊脚楼形式，即底层为敞开式店面，上面则是木制精巧的木门楼；有些小户人家的门楼则为砖木结构。

砖砌门楼，顾名思义就是用砖作为主要的砌筑材料施以精美的雕刻来建筑门楼。闽北古村落中宗祠、庙宇、书院、牌坊，以及一些官宦、富商人家常常会设置精美的砖砌门楼。砖雕门楼用仿木结构形式，大部分为三间四柱式。有的门楼是一字形的平面，依附于建筑的正立面之上；有的门楼则为八字形平面，明间向建筑内部凹进，与墙面形成一定的夹角，与住宅前的道路形成一定的层次，形成缓冲空间。砖砌门楼的装饰部位根据视觉习惯一般在门头的上方，采用华丽的砖雕镶嵌，两侧则用青砖拼贴成“龟纹”“卍字纹”等。闽北古村落建筑砖雕门头上过梁通常有石质和木质两种材料之分，青石过梁常用于官宦之家；而普通百姓家则选用木质过梁。这些木质过梁厚度为 20 厘米左右，一般选用质地坚硬、不易腐烂的楠木或苦楝木。为了使整个门头协调统一，工匠往往会用特殊的黏合剂

图 2-13　洞宫村装饰讲究的黄捷元宅邸门头

将水磨青砖镶贴在木质过梁上，再用圆头铁钉对其进行加固，为了不留钉眼，通常还会在钉头上镶嵌圆形、方形、菱形、十字形铁质花瓣，有些甚至还用带有图案的铁片包裹大门边角，体现出很强的装饰性和实用功能。

在闽北政和、周宁一带，古民居的门楼多采用石库门，其立梃、上下槛都用石材，整体稳重简洁。石库门依其用材、结构、雕饰精度不同通常分为“四件套”“六件套”“八件套”，以及门额上加一块字匾（谓“一块玉”）和两侧加“盒子”等不同档次。

在福建政和县杨源乡洞宫村，据传由黄氏先祖五四公于南宋庆元元年（1195年）携一子及眷属来到这里开基，至今约有820年历史，村中多数为黄氏后人。洞宫村里留下了不少古建筑，其中有一座咸丰年间丁巳科岁进士黄捷元宅邸门头颇具特色。黄氏古宅为三合院宅式，高两层，三开间纵形布局。一层前面是一个天井庭院，中间是厅堂，左右两边房间，后面设小后院，略狭窄，但可以采光。二层的中厅位置安置祖先神位。其大门为西南朝向，其采用石库门中最高档次的“八件套”规格进行营建，全都采用整块的青石雕琢后拼接而成，两侧石质立梃上采用减地与浮雕的技艺雕有一对香炉，日常可以在门头点香；在门头石质过梁处刻有一些吉祥纹饰；大门的上方采用灰塑技法制作的匾额，题写“玉液汪波”，两侧为题写“乔松饶户待鸾翔，翠竹衣冠留凤集”的灰塑楹联，整个门头充满浓浓的书卷气。大门的顶上设有木制门罩，门头有5级踏步，两侧配有垂带，整个门头融彩绘、书法、灰塑、石雕于一体，工匠精湛的雕刻技巧更令人惊叹不已，为闽北石库门的典型代表（图2-13）。

此外，还有一些普通民居的门头也十分有特色。位于五夫的大佈巷38号的古民居门楼就是经典一例，整个门楼宽度为1.9米，高度为4.5米；半圆券顶门上有木制门罩，顶附黛瓦，门罩采用木制穿斗式结构，柱头和斜撑上刻有精美的雕刻，门楼额枋上有以“三阳开泰”为题材的堆塑，作品中羊与日纹、山水纹组合在一起，并用色彩描绘，喻示吉祥顺利之意。整个门楼平实亲和，自然真切，隽永有味。此外，有些宅院门头直接开设在山墙上，门头没有任何装饰，只在墙脊处用瓦片堆叠成一条龙，抽象的造型，起伏的线条，显得灵动有趣，昭示屋主希望后人能成为有用之材的美好意愿（图2-14）。

门楼是整个宅院的外门，也是整个住宅的总气口。闽北先民在宅院的营造时十分注重门楼位置的选择，既讲究方便实用，又注重风水术数。一般以朝南朝东为佳。如遇到条件限制，总会想方设法破解，比如为了使自家门楼不与对面门楼形成对冲，会有意在门头前屋宇里设置一道可拆卸的木质屏风，从而形成缓冲；或者将宅院门楼往里移数米，前面夯筑土墙，改变入口的位置来化解外来煞气的冲犯，以保全家平安。如果受到空间限制，则往往将大门凹退斜转，以避免直冲西向而不吉利。

图2-14 简洁朴实的古民居门头

三、天井

闽北民居的天井是闽北民居大院最为重要的空间元素，古语曰：“家有天井一方，子子孙孙兴旺。”闽北古民居在进门之后便是天井。天井一般位于厅堂前面，有些多进院落配有多个天井，也由厅堂与偏房或者院墙围合而成。天

图 2–15　四水归堂

图 2–16　天井中的大水缸

井具有采光、通风、遮阳、排水等多个功能。在风水学《相宅经纂》中对天井有规定："横阔一丈，则直长四五尺乃以也，深至五六寸而又洁净乃宜也。"这说明天井不能太阔，太阔会散气。闽北古民居中的天井多按风水学的要求建造，一般显得比较狭小，有些大户人家为了不让天井过大，在门厅和正厅中间修建连廊、踏步和台阶，将天井一分为二以此来聚气，同时减少风沙对宅院的干扰。

自然采光是住宅舒适性的重要组成部分，其不仅为视觉感受提供了条件，而且直接影响居住者的心理感受。作为封闭式的院落，闽北先民想尽办法来改善宅院的采光，由于厅堂离天井最近，能够接受大量的天然光线，因此成为院落中最重要的交往空间，而厅堂两侧光线最好的厢房也被作为主人的卧室。由于闽北古民居为了防盗一般不在外墙开设窗户，所以主要通过天井与厅堂、厢房的温度差来加快冷热空气的流通，这就是所谓的"拔风"。天井作为院落空间为宅院的自然通风提供了非常便利的条件。

闽北古民居天井对理水非常讲究，根据"风水之法，得水为上，藏风次之"，闽北先民认为，水是财富的象征，"四水归堂"就寓意着"肥水不外流"的聚财心理（图 2–15），充分体现了闽北人顺应自然、融通自然、天人合一的思想。在天井下方以石板铺地，浅显的石隙设有排水暗沟，院落四周屋檐的雨水先通过天井汇聚后通过暗沟排到街巷的水圳，最后流到村外的溪流中。宅居内防火考虑最为集中的也是体现在天井。天井中常设太平缸蓄水，是就近灭火的主要水源（图2-16）。房屋主人可以在天井筑池养鱼，摆放盆景，尽享乐趣，人们还可以从天井中感受四季之气，阴晴之变，昼夜之更替。

闽北古建筑的天井中通常会放置石质花架，并种植多种植物，与建筑交相辉映。这时天井不再是简单的围合，而是将宇宙自然中的山水、云雨乃至生灵凝聚在一起充满生命活力的场所，构成和谐、有趣、有个性的空间环境，具有丰富的内涵，实现了人、自然、文化艺术和环境的完美融合，是宅院中最有生机灵气、最有文化韵味、最幽雅怡人的空间。天井还给人们带来安全感，建筑环境心理学研究表明，人处在四周封闭围合空间中会感觉十分安全，处在充满阳光的地方，心情会很放松，天井具备这些优势，天井是宅院中最受人喜爱的空间。

四、阁楼空间

为了节约用地，闽北的古建筑中会设置阁楼，一般以两层者居多，也有一些为三层建制。闽北古民居的活动中心一般在厅堂，阁楼空间多用于读书，休息，堆放一些粮食、农具、杂物等，分区明确，空间利用合理。上楼的楼梯设置较为隐蔽，一般在一侧的廊屋内，这样便于上下。阁楼地面用木板，有条件的会用方砖铺设，这样既显得相当开阔，也有利于隔音防尘，有的阁楼还会设置旋转楼梯通达到第三层，使得有限的空间得到最大化利用（图2-17）。闽北有些大户人家的古民居楼上依然比较宽敞，在楼层上沿着天井设置环绕檐廊，往往把栏杆修得高些，当地人俗称“走马楼”或“跑马楼”。

图2-17　古民居阁楼中的木制旋转楼梯

闽北民居不论建筑进深、开间如何变化，最后一进多为两层楼房。

楼下会客，楼上为阁楼，厨房、饭厅设在宅居的最后头，即在后进房子长长的披檐之下，将其作为院落服务、活动空间。

第五节　闽北地方建筑材料与建造工序

一、建筑材料

1. 木与土

闽北地处亚热带地区，气候温润，自然条件优越，土壤以红壤、黄壤为主，有利于林木生长，森林覆盖率近 80%，平均每人占有森林面积和蓄积量均高于全国人均水平，木材资源十分丰富，素有“南方林海”“中国竹乡”之称。其中建瓯、顺昌位列“中国十大竹乡”，建瓯、政和、建阳是“中国锥栗之乡”，浦城是全国唯一的“中国丹桂之乡”，武夷山国家公园为全国首批正式设立的五个国家公园之一。

由于受到亚热带季风气候的影响，闽北森林植被类型属于暖温带常绿阔叶林，典型的树种有杉树、樟树、柏树、梓树、榧树、苦槠、红豆杉等。其中以杉木最多。南平市顺昌县是全国唯一的“中国杉木之乡”。闽北杉木生长快，产量高，易成材，其树干没有大的分杈，比较挺直，不易变形，容易加工制作成梁柱和板材。杉木中含杉脑，有较强的耐腐性，可防虫蛀，还有较好的透气性，所以百姓喜欢采伐杉木用以建造房子，是中国古代建筑最常用的木材。在闽北传统民居中，通过榫卯结构将杉木作为房屋构架，稳定性极强，屋架、椽条用杉原木，楼板、隔墙、屋面也用杉木板，杉木质地较软，纹理细致漂亮，闽北古民居中的杉木大多不施油漆，完全清水，暴露木纹，表现出质朴的美感和浓郁的乡土气息，为人们创造出亲切温馨的居住环境。

闽北的土壤以红、黄壤为主，这种土质的黏稠度好，很适于夯实筑墙。夯土墙的优点是坚固、承重、耐久，由于墙体很厚，因而冬暖夏凉，同时夯土墙有很好的防水吸潮功能。筑墙的泥土选取很有讲究，一般以菜园土、含沙质的泥土和田土混合起来“三合土”为最佳，其中田土柔韧，能起防护墙体开裂的作用。墙土还需控制好干湿度，用手抓捏不结团，抓一把扔地上会散开的为最适宜。偏湿墙土筑不起来，偏干墙土又筑不严实。在筑墙时还要往泥土里加入瓦砾、稻草，

图 2–18　巨口乡九龙村黄金厝（图片来源网络）

增加墙体的韧性和黏结度。有时会在高大墙体内预埋一些口径为 5 厘米的大小均匀的竹子，有利于墙体湿气的散发。通常在夯筑土墙时以老墙土掺和新土为佳，因为老墙土性能稳定。由于闽北的土墙大多以黄壤为材料，所以夯筑出的墙体呈黄色。延平区巨口乡的九龙村坐落在九龙山下，现保存有闽北传统建筑土厝群 120 座，土厝群依山而建，层叠有趣，在绿水青山的环绕下，在阳光照耀下熠熠生辉，因此有“黄金厝”的美称（图 2–18）。在福建政和县澄源乡南部的上榅洋治地更楼就是典型的土木结构的建筑，治地更楼在北宋时期因抗击贼匪入侵并擒匪首而获得朝廷赐名“更楼”。清朝时期朝廷钦赐“礼仪之乡”匾额悬于楼上，更楼共三层，异常坚固，属于碉堡式四方形夯土建筑，是我国古建筑中典型的土木结构建筑。

2. 砖与瓦

闽北古民居建筑中的砖可以分为红砖、青砖两大类。有人以为青砖、红砖是用两种不同的土壤烧制成的，实际上红砖、青砖都是采用同一种土壤（主要成分为红壤）为原料，只是烧制工艺不同而已。开始制作的工序基本相同，都是用黏土制成砖坯晾干后送入砖窑，烧制 4~5 天，直至窑内温度高达 900℃，将砖坯烧成高温阶段后熄火。区别在于熄火后，若是依靠砖窑内外空气流动缓慢降温，使其颜色保持不变，则出窑后为红砖，此为冷风工艺；若在烧成高温阶段后期，将窑口封闭，并从窑顶浇水淬火降温，使砖体与水发生氧化反应而改变颜色，则出窑的是青砖，此为冷水工艺。青砖质地较致密，硬度和强度高于红砖，其耐磨不腐，在抗氧化、抗水化、耐大气侵蚀等方面性能也明显优于红砖。闽北古代建筑主要是用青砖，这些质地优良的青砖坚固、耐磨、防水防潮性能好。依据砖料的质量及铺设方法的不同，将其分为若干等级，品相最好的青砖用在房屋建筑中重要位置，工匠选用颜色相近的青砖拼贴出各种图案用于门头的装饰；选择一些质地紧密厚实的青砖用于雕琢美丽的砖雕；有些品相一般的青砖通过打磨加工，使之规格统一、尺寸精确、棱角分明、砖面平整，用于铺设厅堂和厢房的地面，完成后还要用桐油浸泡防止砖粉扬起，这些加工后的青砖地面细致、整洁、美观而又坚固耐用；还有一些粗糙的青砖，通过简单的打磨直接铺设在走道上，甚至无须加工直接用于砌墙，真正做到物尽其用，避免造成自然资源的浪费。

闽北的瓦片有板瓦、筒瓦、瓦当，也是使用当地的黄土烧制而成，其烧制的方法与青砖、红砖烧制的方法大致相同。由于闽北多雨水，而且瓦片位于建筑的最顶层，更换和维修不方便，所以房屋营建特别注重房屋瓦片的选用。闽北古建筑中瓦片一般选用质地坚硬、不易吸水的青瓦，这样不仅能够经久耐用，而且还能减轻房屋木结构的承受力。瓦片根据形状不同可以分为板瓦和缸瓦等，屋面平铺用板瓦；角沟、过墙有的用特制缸瓦；滴水和下水槽则是特制陶制品；有的屋脊上还会用板瓦继续横向垒叠，犹如龙鳞片一般，中间则拼成不同的吉祥图案，整体显得厚重而灵动，有着很强的装饰性。在铺瓦时，无论采用哪种样式的瓦片，工匠都是先将微凹底瓦顺着屋面的坡放上去，上一块压着下面一块的十分之七。每趟底瓦铺好后再铺下一趟，每趟瓦称为一垄。再把凸起的一面一片一片压在凹底瓦上，也形成一垄，最下面一块铺滴水，这样凹凸相间更有利于雨天排水。

3. 石材

闽北属于丹霞地貌，这里有优质花岗石、大理石矿产，其材质均匀，硬度高。在闽北古民居中石材被大量运用到建筑的重要部位，如门枕石、天井、柱础、台阶、踏步等建筑构件上；也被雕刻成水缸、花架等摆件；石材还被大量用于塔庙、廊桥、牌坊等村落公共建筑上。民居筑墙基总会请有经验的师傅选用当地不规则的鹅卵石和碎石进行垒筑，使墙基更为坚固，同时有效防止水对墙体的浸泡（图 2-19）。

二、建造工序

闽北民间关于营建流传着“三年竖屋，三十年辛苦，一辈子享福”“竖屋，竖屋，十年准备一年竖，二年构接（小木装修）才好住”的顺口溜。这些顺口溜反映了闽北人把营建家园看作是一生幸福的大事和奋斗目标，也反映出营建房屋的艰难、

图 2-19　由砖、土、石构筑的墙体

复杂、长期性和程序化，通常程序有以下 8 种。

1. 制定营建方案

根据自己家庭成员的数量、经济状况、今后的发展前景等条件，预定在何处营建，建多大的规模，分几步实施等。

2. 筹备建筑材料

闽北地区建材资源丰富，营建时绝大多数是就地取材，特别是主料木材，由于闽北雨水多、湿度大，不利于木材风干，必须提前几年开始备料，只有等木料干透后，才能保证木构架稳定不变形。在闽北有个习俗，房屋立架上梁的日期多选在秋冬之交，加工制作多在春夏两季。有经济实力的户主可以提前到山场一次性挑选购买木料；很多普通家庭为了节约成本只能零星备料。此外，其他建筑材料如砖、土、瓦都得提前准备。

3. 选址择日

请风水先生到现场勘察宅基和朝向，选择好动工、上梁、泥镬灶、乔迁新居的良辰吉日。

4. 动土开工

遵照风水先生选定的吉日良辰举行奠基开工礼，正式动土。挖地基前必然要先打场子，就是挖高填低，用石头垒墙脚做基础，制作大木构件。破土前要祭告土地，略备酒菜请工匠及帮手吃喝。

5. 大木立架上梁

民间建房，上梁礼仪隆重，要选择吉日良辰进行。亲友要主动前来协助，送糕、碗、红对联祝贺。梁木要在上梁的前一天直接从山中砍伐抬回，悬空支架，放在地上被认为正梁倒地不吉利。当日早晨，木匠将屋梁制成后，主人要用猪头公鸡祭梁。到了吉时，燃香烛放鞭炮，梁木披红布吊装上屋架。上架时要抛下瓜子、莲子、花生、嘉应子、金弹子以及麻糍粿，让祝贺宾朋或观看邻人、小孩捡抱，意喻“多子多孙多福”。同时在各柱上贴满楹联，营造热闹气氛。有些地方上梁时，梁上应压放姐夫、妹夫或女婿送给的“压梁谷”，梁两头各悬挂一个内盛稻麦豆茶、新碎布、铜钱和芝麻的所谓“七宝梁粽”，梁下方正中部位供奉鲁班牌位。还有些地方上梁更为隆重，大梁悬挂元宝锭，梁两边头上则挂内装五谷的红色三角袋各一个，梁上画八卦，张贴“财丁两旺”“立柱喜逢黄道日，上梁巧遇紫微星”等横幅和对联。木匠师傅在梁上吟诗或喝彩。上梁是房屋营建的重要节点，上梁当晚，房主一定会备好酒菜宴请工匠及亲友，接受他们的祝贺（图 2–20）。

6. 泥水砌筑

泥水砌筑主要分为墙面和地面两部分。筑墙根据材料的不同可以分为夯土墙、砖墙、荆笆墙等。夯土墙采用当地的泥土来夯筑土墙，所谓夯土板筑，就是用木棒（亦称夯杵）将黄土用力夯打密实变硬而建造起来的楼房。筑夯土墙采用“三合土”——以菜园土、含沙质的泥土和田土混合为佳。筑夯土墙看似简单，实则需要不少技术和经验。筑完一层（指老宅一间的高度）须等干后十来天以后才可以接着筑，一层高度在 9~10 板之间。土墙一般筑四层高，每筑一板要逐渐向上收边（即变窄），既为牢固，也为美观（图 2–21）。

砖块砌墙可以分为实滚墙、空斗墙、花滚墙等三种类型。实滚墙是用砖块层层扁砌，横竖搭配，相互错缝而成，即谓之实心墙。空斗墙是用砖侧砌，纵横相置，上下错缝而成。花滚墙是将砖侧立与平砌相间砌筑而成。

图 2–20　大木立架上梁（图片来源网络）

荆笆墙是一种比较原始而简单的间隔墙体。在闽北，荆笆墙的制作是先将墙面分成若干块，再用竹篾编成壁体固定好，或直接在龙骨上编插，而后用草泥将帘子两面抹平，最后用白灰膏找平压光。为了使表面细腻平整，多用石灰桐油刮面。这种竹筋织壁粉灰墙材料来源方便，施工简单且经济耐用，在闽北古民居中，这种荆笆墙一般用于楼层的内“隔间”（隔断）或洞头屋的门面槛墙，有的虽然历经三四百年却依然保存完好，但由于闽北多雨，楼下比楼上潮湿，所以在楼下一般不采用这种荆笆隔墙。

图 2-21　人工夯土墙（图片来源网络）

闽北传统民居的室内地面主要有三合土地面、方砖（磨砖对缝）地面两种：天井、明塘的地面有三合土、方砖、鹅卵石、石板四种。三合土地面具体做法：用黄黏土、石灰、砂子三者按 6 : 3 : 1 的比例配制拍打成的地面，普遍应用于闽北民居，包括许多大型宗祠、厅堂、豪宅，是一种经济、实用、耐久的地面做法。民间建筑采用细磨方砖铺地面的不多，其多为府第财力充足者所采用，多用于厅堂、阶沿等地面。

石板铺设地面多见于宗祠、厅堂、豪宅的天井地面和稍大的明塘地面，除大型宗祠、大寺院外，多不采用。因为闽北地区日照充足，特别是夏天，炽热阳光可把石板地面晒得烫脚烤人，使本来已很炎热的天气更加酷热，不利于人们舒适地生活。更有一种说法，认为这种地面地气不足，不适合宅院铺装。在民居中，石板铺设大多用于天井的铺设上，多用花岗岩条石板铺装，能够经得起日晒雨淋，可铺成“方形”或“回字形”图案。

7. 装修、制作家具陈设品

聘请细木匠，雕花匠，砖雕、石雕工匠，画师作门窗隔扇、隔间、彩绘、室内家具陈设，装饰檐廊天花等。装饰根据活量多少、精细程度及所用材质分为豪华型、普通型、简朴型。豪华型是将露明的全部梁架及外檐廊轩进行满堂木雕装饰。台基、门楼、雨罩施石雕、砖雕或塑画，木、石材质都取上等，多为宗祠、厅堂、庙阁等公共建筑和富豪住宅。普通型只对外檐廊部的月梁、牛腿、雀替及门窗作木雕装饰，施少量砖、石雕刻装饰，一般不施塑活，用材普通，一般民居多属此型。简朴型为整个建筑基本无雕刻活儿，只采用单马头或无马头的金字头墙，基本不施规整石活儿，用材及做工都较粗劣，多为贫民住房，“披屋”“小屋”属于此类。

8. 乔迁新居

一般都选在装修完毕，一切齐全就绪后举行乔迁仪式，但也有选择在装修完成之前举行乔迁之仪的，要视主人生辰八字与可选择吉日的范围而定。新居落成被视为“华厦落成之庆”，至亲挚友送镜框、匾额或贺幛，也有送谷米、金钱等，至今同样盛行。建阳乔迁新居要选择吉日，一家老少要同时离开旧居，燃放炮仗举行“谢居”礼俗，前往新居途中要点着火把或灯笼、马灯，意为“接火种”，以祈人丁兴旺。

第三章　闽北古村落空间构成

闽北古村落落脚选址追求“风水宝地”，安居乐业要建纳福之宅，聚落需要基础设施，这就涉及村落的布局问题。有着主流文化背景的始迁祖在经历人生痛苦体验之后有了更宽阔的思想空间。他们以“天人合一”的哲学思想诠释“修身、齐家、治国、平天下”之道，规划村落时考虑了宗族礼制、宗教信仰、风水观念、防御意识、诗画境界等诸多因素。

第一节　闽北古村落公共空间形态及构成要素

在历史聚居类型中，古镇是一种重要的聚居形态，它介于城市和村落之间，由于所处的地域不同，又历经漫长的时代变迁，逐渐演变为形貌各异的聚居群落。古镇的空间形式可依次分为外部依托的自然环境、镇内的公共空间以及民居建筑内部空间三个等级，它们之间相互依存、互为协调，成为古镇发展的重要组成部分。

古人云：“人之生，不能无群。”人属于群体动物，必然要生活在群体中，这就需要有相对稳定的空间形式来满足人的社会化需求。交往需求是人类生活中最基本的需求之一，也是人类社会的重要属性，交往是人与人之间维系情感纽带最重要的形式之一。在古村落中，村民之间保持良好的沟通与交往，达到相互理解、相互信任、相互帮助，产生深厚的情感，整个社会处于一种低水平的和谐状态，随着交往方式和强度的发展，人类文明也不断进步，交往见证了人类社会的发展足迹。公共空间是聚落文化的重要物质载体，是物质文明和精神文明相结合的产物，它们具有形态多样、功能多样、文化多样的特征。它的存在促进和完善了人的社会化过程，有利于保持社会秩序的和谐，从而推动当地经济、社会、文化的不断发展。

闽北村镇中街巷、书院、宗祠、牌坊、社仓、寺庙、广场、廊桥、风水林等都属于公共空间的范畴，它们是闽北传统聚居文化中特有的“基因群”，这些公共空间不仅展示独特的空间布局与建筑装饰，而且还承载着闽北浓郁的乡土气息和地域文化元素，是当地居民价值观念、生活方式及精神向往的集中体现，是当地文化传承得以延续的重要载体。

所谓空间结构，是指对地面各种活动与现象的位置、相互关系及意义的描述。这里强调的是空间与空间之间的关系和这些空间是如何被结构起来的。在传统古村落中，水口、溪流、祠堂、住宅、寺庙、神坛、墟市都是空间的重要组成部分，它归纳为两个方面，一是村落内部空间结构，二是村落外部空间结构。

第二节　闽北古村落公共空间体系及模式特色

闽北历史文化村镇多处于山间谷地之中，四面青山如屏，村落布局依山就势，顺应环境。建造村落肇基多选坡度平缓地段，若遇到陡坡地势，则先整修成台地，再在其上建造房屋。村落道路建设也密切结合山势走向和溪水流向，通常是依山傍水、环绕前行，形成富有变化的景观。邵武和平古镇坐落在一个小坡上，为群山所围抱，又有和平溪和罗前溪环绕而过，呈山环水抱之格局，这里既有临河而建、景致优美的水街，又有保存完好的历史上作为商业重镇的商业街巷，街巷空间景观源于屋、街、河等空间要素沿同一轴线并行重复，并融合交通运输繁忙、人们日常生活往来等繁荣兴旺的景象，极具特色，令人神往。

一、街巷

街巷是古村落公共空间中最为重要的组成部分，是聚落空间的枢纽，它不仅包含社会、人文、政治等相互关系的“公共性”，还具备空间场所和物质形态的“空间性”。

闽北村落以一条街道为主、多条小街道为辅的空间结构，形成“一字形”空间布局。在主街的重要位置往往会设置宗祠、书院、牌坊、凉亭、水井、供台等，形成明确的空间节点，使得整条古街的景观序列变得相对丰富。

在村落形成之初，具有血缘关系和相同地缘的人在一起交流聚会形成了“点”，这些“点”元素仅限于内部交流和发展。岁月流逝，社会变迁，使不同的“点”元素聚集成古村落的雏形，然而“点”不可能孤立地存在，随着人们的交往范围扩大，逐渐与周围的人文、环境等发生联系，这些“点”也就不断地向四周扩展，最终形成能量更大、内容更丰富多彩的聚落空间。“以点带面”型的空间布局，就是通过“点”来扩张的。又使各个点之间能够相互联系，于是就通过修道路来连接组成整体，逐渐形成古村落。另一种情况是使街道空间朝各个方向发散延伸，演变出诸多小巷，纵横小巷相互交接，形成众多“节点”，于是汇集成片，使街巷景观更加丰富多样，原先“一字形”街道空间变得更加生动有趣，更加精彩。

闽北古村落街道路面基本采用中间用青石板、两边用当地鹅卵石的方法铺设而成。有些地方在街道两边留有半圆形水沟，将水引入，村民可以在此洗漱，满足他们的生活之需，同时也可以成为消防水源。古街街面宽 2 米 ~ 5 米不等，街道两边的建筑多为沿街商铺，这些沿街商铺大都采用前铺后寝的空间布局，檐口出挑较深，开敞大气，院落空间依所处地形和家庭需求，有大小宽窄之分。老街上的古建筑风格基本统一、形式多样，高低错落，鳞次栉比。临街建筑围合形成线形的街巷空间，狭窄而曲折，行人步入其中没有曲径通幽的感觉，反而有一种莫名的趣味感。

图 3–1　兴贤古街

1. 五夫兴贤古街

兴贤古街坐落在五夫镇西北，是古镇中重要的公共空间，其北起五虹桥，南至文献桥，全长 1000 余米（图 3–1）。古街两侧有数条长短不一的巷道、里弄，横向延伸。南北走向的主要街道有朱子巷、风车

图 3–2　兴贤古街旁水渠

图 3–3　朱子巷

巷、凤凰巷、大埠巷，垂直于巷道的有王家弄、周家弄、刘家弄等，这种呈垂直分支、单向交会、主次分明的空间布局，有效地将动态空间和静态空间隔离开来，为典型的“一街多巷”式空间格局，明显打破以往布局的单调性。古街两旁店铺林立，街面曲折且宽窄不一，致使沿街建筑前后错落有致，上下高低有序，形成丰富的空间景观序列。街面商铺有前店后宅式和下店上宅式两种类型，深挑的屋檐不仅能遮阳挡雨，还为乡民活动和交流提供空间和场所，街坊邻里在这里或就石而坐，或倚门而立，或品茶聊天，或闭目养神。整个街巷充满简朴、宁静、自然、亲切的氛围。

兴贤古街由籍溪坊、中和坊、儒林坊、朱至坊、紫阳坊、双溪坊六个街坊组成。古街左侧点缀着五口古井，象征五位古之贤者遗给地方的恩泽，当地乡民称之为“五贤井”。这些古井据说都掘于宋代，井水泉涌不辍，饮用至今，水味甘洌爽口，冬暖夏凉，令人称绝。五夫最老的一口井在街南，石凿的圆井栏历经风雨千百年，岁月的磕磕碰碰使石井栏出现裂痕，村民十分敬重这口老井，用两道粗厚的铁圈将石井栏箍住，街坊的居民仍在饮用这口老井里的水。在兴贤古街，流淌着一条清澈的小水沟，由籍溪分流而来，滋润着这条千年古街和古街上的人们（图 3–2）。

兴贤古街街面至今依然保留有五座跨街古石坊门，坊门上分别镶嵌有“崇东首善”“五夫荟萃”“天地钟秀”“籍溪胜境”“紫阳流风”“三峰鼎峙”“三市街”“过化处”“天南道国”“邹鲁渊源”等历史名人手书的横额。这些跨街古石坊门作为街道重要的空间节点，起到划分区域的作用，比如“过化处”就是告诉过往路人，此坊前方是兴贤书院属圣贤之地，从这里开始就要将世俗欲望抛至脑后，保持高尚的情操，让心思达到理想的境界。其背面的“三市街”，则代表经过这里就进入街市，回到世俗社会和现实生存的空间。在此，我们不得不佩服古人的智慧，他们巧妙地将有形的物质世界与无形的精神世界完美地结合在一起。古街两边耸立着“兴贤书院”“刘氏家祠”“刘氏节孝坊”“朱子社仓”“彭氏节孝坊”“张璘百岁坊”“朱子巷”和“五贤井”等名胜古迹。

兴贤古街上有一条叉巷名叫“朱子巷”，因其为朱子进入武夷山的第一巷，民间俗称“朱始巷”。它是五夫中和坊与儒林坊的交界线，上行是中和坊，下走是儒林坊，原全长300米，现仅存138米，小巷路面全用大大小小鹅卵石铺设而成，巷多曲折，两侧皆是古屋高墙。朱熹14岁就随母到五夫投靠其父生前好友胡宪、刘勉之、刘子翚，年少时朱熹勤奋好学，为了在学业上能够取得进步，他时常背着书籍，带着学术上的疑问前往鹅子峰麓下的白水村向岳父兼老师的刘勉之求教，或去相距不远的籍溪之畔的文定书堂向一代大儒胡孝国之子胡宪受道，每次都要经过这条小巷，日久天长，往返竟达数万次之多。胡宪、刘勉之、刘子翚等五夫的儒士用渊博的学识和高尚的人格影响着年少的朱熹，朱熹在他们的指导下，刻苦攻读，奠定了扎实的学术功底，19岁就中了进士，最终成为中国历史上理学集大成的大儒，后人为了纪念朱熹，将这条小巷称为朱子巷，并在巷子路口立有石碑。如今我们步入其中，耳边仿佛还回荡着朱熹求学时的足音（图3–3）。

兴贤古街的空间形态，以及以巷、路为骨架的布局构成了丰富的内向性空间结构，通过路的转折、收放，水塘、井台等地形地貌组合成亲切自然的交往空间，加上街道空间与建筑比例尺度的合理把握，更使古街展示出多重的空间功能、尺度宜人的空间结构和丰富多变的景观序列，对现在的街道空间规划都有很好的参考价值。更难得的是，如今古街里的许多古宅子里都还住着人。如果没有居民在此生活，那些老宅只不过是文化的遗迹，是断代的历史。由此看来保护古村落如果能既保住老房子，又留下原始居住的人们，这才是切实的活态保护。

2. 崇仁明清古街

崇仁明清古街位于光泽县崇仁乡，距县城约7千米，据《光泽县志》记载，北宋年间这里就有“崇仁里”，到了明清时期改称为“崇仁市”。崇仁村依山傍水，是民间所说的风水宝地，在旧时为名门望族聚集建宅的首选之处。据有关资料记载，古街始建于北宋元祐年间，为防外族、匪患侵扰，又为防风减灾而建有城墙。在明朝嘉靖年间，山东省渤海龚姓人到崇仁买地盖房居住，繁衍子孙，家业也由此兴旺起来。后陆续又有裘姓、王姓人家在此地建房居住，从而慢慢形成一条完整的街市，至今约有四百年的历史。

整条古街就坐落在崇仁村内，为南北走向，全长约1500米，宽约5米，古时有着“五里长街”的美称。在主街两侧有十字巷、龚家巷、王家巷、官家巷、城家巷等近三十条巷道，巷道进深约长50米，宽约3米至5米。旧时，光泽县城崇山峻岭，陆路皆是羊肠小道，陆运极为不便。古街背靠北溪，水运交通较为发达，农副产品外运、日常生活用品及生产所需物资供应皆依赖北溪水路运输线，因而崇仁古街成为福州、寨里、司前乃至江西毗邻数县重要的物资集散地。街巷之中，各类商铺鳞次栉比，府邸民居错落有致，私塾、客栈、布店、米行、酒坊、染坊点缀其中，集生活、商贸、宗教信仰于一体，崇仁古街一时繁华至极。

去古街之前必须先穿过一条由鹅卵石铺就的小巷。小巷幽深窄小，只够容纳两人并肩而行，两侧墙体用鹅卵石砌成，中间用土、砖夯实。小巷的尽头，就是古街的主街头。主街的街道并不宽，有些门厅、门槛前还留有两道很深的车辙印痕，可想当年街道上车水马龙的热闹情景。古街将全村分为东西两部分，西半部分纵深较大，建筑密度较大；东半部分随着古街往西南方向延伸而拓展，建筑密度不大，每隔一段距离就会留出一块空地，将北溪水巧妙地引入街巷。街道两侧的建筑具有典型的群居特点，各个宗族先后在此建立自己的聚居地，营建民居、祠堂、寺庙、书院、牌坊等。至今，古街上还较完整地保留有崇仁书院、龚宅、裘氏家祠、福字楼等极具代表性的古建筑。居民住房大多都为台梁和穿斗混合式木构架建筑，雕工精美、寓意深远。最大的房屋近深百余米，共有四进、六个天井，这些建筑完好地保留着明清时期的建筑风格。低调的民居，充满了旧时的韵味，一座座建筑都留下了历史与时光叠加后的痕迹。沿街坐落着龚氏家族的御赐节孝牌坊，迎门上有牌楼，正中石匾雕塑有金龙，以示皇恩，下题“恩荣”二字，再下有一石匾，上书“乾隆二十五年礼部题奉旨旌表儒士龚文宗妻李氏节孝”。

除建筑风格外，宗教文化也是古街的一个特色。全街有张公庙、关帝庙、福善王庙三座古庙遗址，分别建于街头、街中、街尾。街头的张公庙，建筑面积300多平方米，庙宇门庭宽大高挺，庙后有棵千年的风水古樟树，是宋代后期当地民众为祭祀唐朝安史之乱中的河南淮阳守将张巡而建；街中临河水门上关帝庙建于清代，供奉着关公；街尾的福善王庙，是为了纪念隋末温陵太守欧阳佑而建，庙旁有一棵风水老樟树，与街头的风水古樟遥相呼应。古街的三座庙宇均为纪念古代忠义之士，体现着百年来当地居民信奉忠义、崇尚先贤的宗教信仰。庙会活动也一直保留至今，每年三座庙都会举办庙会。每到庙会时，崇仁村乃至各地信众均到这里聚会，喝擂茶、打糍粑，观看当地茶灯舞、三角戏等艺术表演，好不热闹。这三座庙宇成为崇仁古街上一道独特的宗教文化风景线。

第二次国内革命战争期间，古街是一个红色革命苏区。红军在这里建立起崇仁区苏维埃政权，随后光泽县苏维埃红色革命政府也曾迁到这里，发动群众打土豪分田地，游击队也经常在此开展革命活动，以古街为根据地与敌人进行斗争，这也为古街注入一抹鲜艳的红色。当年中共崇仁区委、区政府的革命遗址现在仍然保存完好，见证着崇仁这个闽北革命老区村的光辉历史。

如今，古街依然保留原有的空间布局、建筑风貌和古朴淳厚的民风习俗，街两旁都有石板石凳，每当歇息空闲时大家都聚集在这里，聊天叙旧，拉扯家常，交流情感。也有许多人在街头的老樟树下聚集着跳广场舞等健身活动。每逢年节，众多的地方民俗活动会在这里举行。茶灯舞、三角戏、马仔灯等表演仍是当地人民最为喜欢的节目，古街的历史文化也因此得到传承。古街继续满足着乡邻交通与商贸往来的需求，成为人们日常生活中相互交流的纽带。

3. 和平古街

和平古镇早年就是贯通江西与闽北的交通枢纽，后唐天成元年（926 年）这里就有街市，五天一圩，大批附近府县以及福州、江西的商贾云集于此，进行粮食、茶叶、笋干、纸业交易，场面异常热闹，故宋之后人们又称古街道为“旧市街”。清代临街新建建筑“天后宫”和“万寿宫”分别兼作福州会馆和江西会馆，更使得这个历经千余年作为商品贸易集散地的和平旧市街商贸经济长盛不衰，风貌依然，雄风犹存，延续至今。和平古街长近 700 米，宽 7 米左右，是古镇城堡内连接南北城门的主街，街面中间用大块青石板铺筑，两边均铺河卵石，排水沟巧设于青石板之下，古镇每日产生的污泥浊水均从这里排出。临街建筑高约 6 米，多为前店后宅式（图 3–4）。

和平古街空间是顺应自然地形进行设置的，古镇地形呈北高南低，呈蜿蜒曲折之势，古街建成“九曲十三弯”的南北走向之特色，街道路面以青石板铺地，

图 3-4　和平古街（图片来源网络）

使古街更像一条青龙腾起欲飞，古镇东北隅和西北隅各有一眼水井，恰起到“画龙点睛”之妙。古街两边被近百条或长或短，或宽或窄，或直长或曲折的大小巷道分割成“高墙窄巷”的特色空间，这些巷道如蜘蛛结网纵横交错，曲折迂回，犹如一座迷宫。黄氏宗祠、万寿宫、廖氏大夫第、黄氏大夫第、李氏祠堂、天后宫等古镇重要建筑沿古街分布。巷内居家风火墙错落有致，高大的门楼砖雕盈墙，层层叠叠。由此可见，和平街不仅是古镇的经济中心，更是文化中心和精神中心，对古镇的发展有着不可替代的作用。

和平古街是一条集市贸易街，每逢圩日赶圩者达五六千人，经常造成拥挤和秩序混乱的局面，为此清道光三年（1823 年）曾对街道进行整修，整顿集市秩序，并在旧市街口立禁碑，碑文为“道光三年，合市修理街道。此处狭窄，上下人多，两边不许堆积卖物，违者公罚”，为“旧市三禁碑”之一，直至今日，街道两旁固定摊位仍限于在屋檐滴水以内摆设，不能随意逾越。古街巷是和平古镇历史长盛不衰的最繁华的商贸集散地，清华大学陈志华教授称赞道：“和平保留的是一整套街区。”的确如此，在当今城市建设的浪潮中，能像和平古街这样完整保存下来的有很高的历史价值和文物价值的古街巷实属罕见，被誉为“福建第一街”当之无愧。千百年来，无数南来北往的过客从这条古街走过，去追求心中恒定的目标，他们的脚步驰进了闽北历史，也驰进了中国历史。时至今日，人们在这里似乎仍然可以隐约地听到旧市街两侧作坊传出的遥远年代的回声。

二、牌坊

牌坊，又名牌楼，古时又叫绰楔、绅楔等。“绰”《辞海》释义为宽、缓。“绅”《辞海》释义为古代士大夫束在衣外的大带，借指士大夫、官宦之家。“楔”《辞源》释义为门两侧的木柱。所以绰楔、绅楔的意思是家境宽绰的，如士大夫、官宦之家，其家大门所立的木柱，这包含了一种旌表的意思，折射出牌坊非一般之物。牌坊在发展过程中有一部分借鉴了华表的造型特征，将坊门两侧立柱进行装饰美化，形成了造型独特的华表柱，也有一部分则汲取古代阙的形制特点，逐步演化成为带有屋宇式结构特点的牌楼，这也使得牌坊形成特有的形态样式，成为中华文明的一个象征和标识，并有独特的地位和意义。

牌坊作为封建社会最高荣誉的象征，是封建礼制的一种表现形式。在明、清两代，很多人想通过竖立功名坊来昭示名门望族在当地的显赫地位，也想通过这个载体，缅怀追思那些在历史发展中做出卓越贡献的人物。它通常被置于村口、桥头、街面以及重要建筑物的入口处，属于一种标志性和纪念性建筑，其内涵和象征主要是运用隐喻手法通过牌坊上雕刻、彩绘的文字和各种纹饰图案表现出来，牌坊表面上看是一个装饰纹样的载体，实质上是封建礼制的一种表现形式。牌坊修建的道德宣传导向意义十分明确，必须符合封建统治阶级的宣传需求，牌坊的官方性决定了其内容必须能够准确地传递出官方所希望的旌表主题，也就是说官方性决定了其内容、主题必须符合当时的主流道德规范。为此牌坊旌表的内容、表达方式大致都有规定的口径，遵循某种模式，而文字多为套话；此外对于家族来说则另有所想所求，无疑希望借助牌坊把家族的荣光传达给公众，以满足家族自我炫耀的心理需求，其核心意思应该是这个家族中出有“德行”和“权势”的人物得到皇恩眷顾。当然统治阶级认可的“德行”是不可或缺的决定性条件，但对家族来说“德行”本身并不重要，他们期望的是在公众羡慕中收获“脸面”。由此可见，在“礼”的制约下，牌坊的装饰性被深深地打上礼制文化的印记。在封建强大的礼制规范中，牌坊被深深地刻上“礼”的烙印，它是中国古代封建礼制、传统道德观念的产物，是“礼”的物质形态的表现形式。牌坊根据使用的材料可以分为石质牌坊、砖质牌坊和木质牌坊。

1. 五夫连氏节孝坊

连氏节孝坊坐落于兴贤古街刘家老宅前，其朝向与宅院朝向一致，为出入宅

图 3–5　连氏节孝坊

院的重要通道，它既有牌坊功能，又有门楼作用，可谓是牌坊式门楼。门楼宽约 10 米，高约 7 米，为四柱三间砖石结构，两侧廊心墙与宅院山墙相连，整体呈“八字形”布局，门楼前留有 2.5 米的空间，增加了门前的活动范围（图 3–5）。

门楼立面装饰自上而下依次为屋顶、檐部、墙身、基座。门楼屋檐下以磨砖仿木构做飞檐、出檐和斗拱，整体呈“三飞式”，其中斗拱为较罕见的“如意斗拱”，整体相互交织，密集华丽，与檐体连成一片，形成一个整体。在门楼墙身上布满各式各样的阶梯式砖雕，有“双狮戏球”“双龙戏珠”“双凤朝阳”“天官赐福”“鲤鱼跳龙门”“龙跃凤鸣”“喜上眉梢”等题材。门楼正中顶部镶嵌一块题为“圣旨”的阳文石刻竖匾，竖匾上方镶嵌龙纹砖雕，龙首为正面，头部左右对称，这种纹饰是最为尊贵的“正龙”，通常只能在皇宫或帝王御赐建筑上出现，竖匾两侧为青砖砌合的垂莲柱，上下两端为莲瓣纹砖雕，中间的砖雕则为精美的云龙纹样，威武的蛟龙翻腾于云雾之中，神采飞扬，栩栩如生。门楼大额坊为浅浮雕“双龙戏珠”和“瑞鹤祥云”图饰，预示祥瑞降临（图 3–6）。大额坊下为一块长约 3 米、宽约 50 厘米的横匾，上面刻有“旌表吏员刘观赐妻监生刘经文母连氏节孝坊”19 个字，字体端庄，书写有力，两侧还各有一块记录当年各级官员贺联的叙事匾，这些文字不仅凸显其不凡的身价，同时也为后代子孙留下宝贵的文化遗产（图 3–7）。匾额四周镶嵌精美的砖雕，其中有一块“双狮戏球”尤为精致，狮子和绣球突出墙面约 20 厘米，刀法如新，锋芒犹在。憨态可掬的狮子、玲珑剔透的绣球被刻画得动感十足，传神入微，为厚重的门楼增添了浓郁的生命活力，我们从中看到了匠师思想的自由和个性的开放，他们在雕刻过程中突破了二维设计而摄入了三维设计，大大地突破了空间限制，真正体现出设计者的独具匠心。

大门两侧贴砖门脸上镶嵌着带有“菱花纹”“卍字纹”的隔扇门和隔扇窗，门楼左右两边的廊心墙，用水磨青砖对缝平铺砌成照壁式墙体，青砖规格统一，纹理自然流畅，这些砖块是将多种不同泥土按比例粗略糅合后制成砖坯，待烧制成形后再加水湿磨，洗净后砖体上深浅不一的花纹清晰可见，犹如流云、奔马、点墨般，外加四周角隅镶嵌着各种砖雕吉祥纹样，构成一幅完整的画面。连氏节孝牌楼不仅气势恢宏，雕刻精美，而且在色彩搭配上也颇为讲究，整个门楼有亮、灰、暗三种色调，色泽亮白的汉白玉匾额与灰色墙面形成鲜明的对比，烘托了主体。斗拱用深色的砖块进行雕琢砌合，并与黛瓦连为一体，在阳光照射下与灰色的墙面形成强烈的反差，凸显出整个门楼的层次和厚重感。据统计，连氏节孝

图 3–6　连氏节孝坊局部

图 3–7　连氏节孝坊门叙事匾

图 3–8　曹墩袁氏节孝坊

牌楼上龙纹雕刻多达23条，有“正龙”“行龙”“云龙”“升龙”“鱼龙”以及“二龙戏珠”和“龙含玉珠”等造型，整个门楼无处不体现出帝王的恩荣，这是为刘经文之母连氏而立，也是为宣扬礼教，标榜功德、科第、忠孝节义而立，更是为统治者维护社会秩序和巩固政权而立。

2. 曹墩袁氏节孝坊

武夷山市星村镇曹墩村村口立有一座石制牌坊，该牌坊为清乾隆癸巳年（1773年）间进士布政司彭嘉谦，奉旨为表彰其祖母袁氏玉执冰持四十秋的贞操建的节孝坊建筑（图 3–8）。该坊为坐东北向西南朝向，整体呈四柱三间结构，双重檐，坊面阔 7.22 米，明间阔 2.6 米，南北两次间各阔 1.45 米。明间两石柱高 4 米，上下共分三段。石柱呈方形，石面上雕刻着精美的纹饰。在石坊上段，顶部为透雕“双龙戏珠”，雕工精湛；两边为浮雕，刻有花卉、人物、日月图案。其中有幅“赴京赶考图”，虽破损严重，但那画面中的人物形象依稀可见，其中有手执扇子的书生、肩挑书担的书童，比例协调、动态自然，亭台楼阁、小桥流水，骑马的、撑船的、推车的，整个场景热闹异常，人物被刻绘得栩栩如生。在牌坊上横首楷书“圣旨”，横批“金石盟心”，边刻“二龙戏珠”与顶部相呼应。中段中间为“节孝坊”石碑，石碑四周均刻有“双龙戏珠”图案，旁竖有“孝节兼全应凤诏，丝纶渥沛焕龙章”对联，下端均刻有吉祥花卉图案。当地民间相传“若孝、贞节稍有瑕疵则此碑不立”。

曹墩历代民风淳朴，袁氏节孝坊已矗立近三百年，牌坊的主人袁氏为曹墩彭氏第十五世祖（现曹墩彭氏已到二十三世，相隔八代）彭士炜之妻。据《彭氏族谱》记载：彭嘉谦祖父彭士炜，出生于康熙庚午年（1690 年），卒于康熙庚寅年

（1710 年），其因性情温和，才华纵横，为人谦顺并十分乐于帮助别人，对家乡贡献大，乡亲都称其为“武夷秀士”。衷氏在 17 岁时嫁给彭士炜，19 岁时生一子，儿子出生不久彭士炜便染病去世，19 岁的衷氏便矢志守寡，垂抚幼子。据《彭氏族谱·衷太君守节志》记载：“妇人之大德有二：一曰‘死烈’，二曰‘守节’，死烈者激于一时意气之发，殒身殉难，视死如归。‘守节’者需玉执冰持，蘖抚幼子。至死节‘全’‘名’立。”有诗曰：节孝兼全衷氏坊，独看莲塘花自开。四十春秋血和泪，石坊凝作望夫台。后彭嘉谦敕授儒林郎候选布政司理问，嘉谦又生四子，四子皆有出息，有的为贡生，有的任县主簿，有的为国学士，自此，彭氏家族大旺，遂将祖母衷氏孝节兼优之品德、恒久不渝之贞操奏请皇帝，皇帝认为衷氏孝节兼全，应建坊表彰，遂下旨建坊。

3. 巧溪夏氏节孝坊

建瓯市吉阳镇巧溪村自饶氏始祖迁居至此，距今有五百多年的历史，繁衍生息二十多代。清朝是这个村庄发展的鼎盛时期，钦命五至九品军功 52 人，国子监生 8 人，太学生 36 人，府庠生 26 人，府武生 8 人，贡员 4 人，进士 2 人。被誉为地灵人杰的书香巧溪。在村尾进出村的要道上，至今还保留有清乾隆庚辰年(1760 年)“合乡公立”的“巧水流长”题刻。

巧溪村口有座青石雕刻构建的节孝牌坊。牌坊建于清咸丰二年（1852 年），呈南北朝向，面阔四柱，进深一柱，石构建筑，四柱三楼。明间竖雕书“圣旨”，顶部仿制民居屋檐，中间为石制葫芦宝瓶，两头为鳌鱼石雕，明间下楣横批雕书“旌表儒士饶廷侨之妻太学生登麟之母夏氏节孝坊”。“登麟”即饶图缪，为饶廷侨之子，号化南。两侧匾文是“玉洁”“冰清”，四方石柱上刻有两副对联，其一为“映日贞心光照史乘，凌霜劲节扶植纲常”，右一柱落年款“咸丰壬子二年阳春建”；

图 3-9　巧溪夏氏节孝坊

石柱前后分立 8 个镇门石鼓，并雕镂几何纹图案，显得古朴典雅，雄壮大方（图 3–9）。这是清五品太学生饶登麟感恩其母夏氏 27 岁起守贞节抚养他成才而奏请朝廷建造。清代凡是骑马的得下马，坐轿的得下轿，不论大小官员或平民百姓，一律步行过此节孝坊。

4. 城村赵氏百岁坊

崇尚孝道是中国社会最重要的传统之一，人们会以各种方式表达对年逾古稀的“寿星”们的由衷祝福，希望他们“寿比南山”“长命百岁”，乃至为其建造寿庆牌坊，朝廷也顺应民意，为百岁老人敕建牌坊，这是祝福寿星最隆重的一种形式。清代陈康祺在《郎潜纪闻》卷一中写道：“定例：凡寿民、寿妇年登百岁者，由本省督抚题请恩赏奉旨给扁建坊，以昭人瑞。”

在武夷山城村南面的华光庙前立有一座百岁坊，坐西朝南，为明代朝廷赦建的寿庆坊表。当时城村村民赵西源与其母罗氏孺人均活到百岁，一家五代同堂，这在当时十分罕见，于是皇帝赐建“百岁坊”一座，由福建籍的一品大员、太子太师左柱国叶向高为其撰写了《百岁瑞人赵西源公寿文》。现构架系清乾隆年间建，木构，四柱三开间进深二开间，对称布局，面阔 7.9 米，进深 5 米，高 8 米，以 12 柱（楠木大柱两根高 6 米），两侧建山墙护卫，三歇山顶跌落。坊顶四翘为攒尖式楼坊顶，下置四方寿桃石（图 3–10）。牌坊屋顶飞檐翘角，中间主屋顶由 6 层的“鸡爪拱”承托，两个次屋顶则由 6 层的如意拱承托。在主屋中立竖形牌匾一块，凸雕“百岁坊”“钦命”，落款为“万历四十五年敕建”。在坊的东面悬挂有“四朝逸老”字样的匾额，西面悬挂有“圣世人瑞”字体的横匾，边上题有“钦差督理粮饷带管建南道福建布政司左参政魏时应”，由此便知当时赠送者为何人，下款“巡按福建监察御史李凌云；赐进士第中宪大夫建宁府知府马关献、赐进士第文林郎知建阳县汪文标合赠”（图 3–11）。整座楼坊均施以彩绘，十分壮丽，体现明清建筑风格。时至今日，村民婚娶之时，仍有抬新娘过“百岁坊”以增福寿的习俗。

5. 山头何氏节孝坊

山头村位于光泽县城北面的闽赣交界处，离城约 60 千米，与江西贵溪市仅一山之隔。过去赣东人进福建走古道都从该村口经过。这里山清水秀，土地肥沃，自古以来钟灵毓秀，人文荟萃，学风浓盛。特别是清代嘉庆年间出过龚文焕、龚文炳、龚文辉三兄弟连登进士，入选翰林，御赐“辟五百年之天荒一彪独，十八

图 3-10　城村赵氏木制百岁坊

图 3-11　百岁坊精美的匾额和斗拱

省之人杰三凤齐飞”等四副对联，后道光皇帝敕建“三凤齐鸣”牌坊和拨银资扶建“大夫第”而天下闻名，传为佳话。何氏节孝牌坊也在此后不久敕建，与在三龚住地的“三凤齐鸣”牌坊相映生辉，为这里厚重的文化增添了一道亮丽的人文景观。可惜“三凤齐鸣”牌坊在“文革”中被毁，而这节孝牌坊得以幸存保留下来。

节孝牌坊是古时地方申报奏准朝廷而为旌表节妇孝女而立，山头村的这座何氏牌坊也是如此。据清版《光泽县志》“节孝坊”记载：“二十九都，龚懿何氏坊。”这座牌坊建于清朝中晚期，已经有一百多年历史。牌坊主人何氏是当地秀才龚懿之妻，但龚懿英年早逝，何氏立志忠贞守节，将三个幼子抚养成人，并相继考取功名，在朝廷为官，光宗耀祖。当地将何氏一生事迹整理申报朝廷，后其被赐封太安人、晋封太宜人，并敕建节孝牌坊予以表彰。

何氏牌坊坐落在老村口七里坪，高约 7 米，宽约 6 米，坐西朝东，牌坊以花岗岩条石榫镶而成，整体设计精巧，用料考究。顶部为三檐式，正顶竖一宝葫芦，两边翘角飞檐，并以对称表条进行装饰。下面四柱三门，中门 2 米宽，两旁侧门宽为 1 米左右，柱基座前后各有鼓形扁石护持，牌坊正中间的上屏刻写“恩荣”，中屏刻写封号的具体缘由，下屏刻有“节孝”二字，石条上均刻有动物、花卉和楷隶字体，两旁屏刻有“名高松柏”“矢志冰霜”字样。四柱外联刻写“书荻操箴遗二子，培兰劲节范七孙”“七十年前怀考养，百千载后著贞操”。内联刻写“诰频颁特来一生亮节，龙章宠锡曾旌万载芳”“勃海传芳天真欣毕见，庐江跞地脉喜庆钟灵”。整座牌坊气派、美观、厚重，集建筑、雕刻、书法、绘画于一体，有较高的观赏和研究价值。

6. 考亭书院牌坊

考亭，古别称“沧州”，这里背负玉枕峰，面临麻阳溪，群山环抱，清流荡漾，鸟语虫鸣，水声松籁，一派桃园山乡景色，素有“考亭山水甲建阳”美誉。明代学者庄显有诗赞道：“蕹牖青回山色秀，沧州雨过竹阴清。”是潜心治学、传道授业之理想场所。南宋绍熙三年（1192 年），年届 63 岁的朱熹来到考亭定居，创办书院，以遂先父之志。因四方慕名求学者众多，书院规模日益扩大，学术日益繁荣，终成浩大而严密的考亭学派，影响广泛。庆元六年（1200 年），朱熹病逝于考亭居所，同年，灵柩归葬建阳黄坑大林谷。理宗宝庆元年（1225 年），时任建阳县令的刘克庄（南宋爱国词人，官至工部侍郎）在考亭辟祠纪念朱子及其他先贤。淳祐四年（1244 年），理宗帝下诏将祠堂辟为书院，并御书“考亭书院”四字匾赐予书院。元、明、清各代均有不同程度的修缮。至 20 世纪 60 年代“四清”运动，书院之主体建筑尽被拆毁。建阳考亭书院牌坊，坐落在建阳市潭城街道考亭村，距市区约 2 千米。牌坊为明嘉靖十年（1531 年）巡按福建监察御史蒋诏及巡建宁道佥事张俭所立。牌坊高约 10 米，宽 8.6 米，石构 4 柱 3 间 5 牌楼结构。额坊有斗拱、屋檐，葫芦形圆顶，坊柱间采用榫卯衔接。柱坊上雕刻着双狮

图 3–12　考亭书院石制牌坊

戏球、麒麟、仙鹤、长龙、飞凤以及仙居道士等图案。牌坊最上端的“恩荣”特别显眼，根据我国古代规制，牌坊的等级依次是“御制”“恩荣”“圣旨”“敕建”，其中“恩荣”是第二高规制的牌坊。牌坊匾额刻书“考亭书院”四个字传为宋理宗御笔。石牌坊造型古朴、器宇轩昂。牌坊上多处还刻有人、物的形象，纹饰生动传神、活灵活现、引人注目，有很强的艺术感染力。艺人独具匠心地对不同形象施以多种不同的雕刻技法，刀法精湛，雕刻的人物甚多，但主次分明，布局得体，给人以繁而不乱的感觉。这座高大的古代建筑凝聚着前辈艺人的心血，展示出闽北先人卓越的创造才能，是一个不可多得的艺术瑰宝（图 3–12）。1965 年因修建建阳西门电站，石牌坊下半部被库水淹没，1983 年冬由建阳文物部门组织力量迁至今址。整座牌坊结构匀称、间隔有致、精雕细刻、巧夺天工。这座古坊虽经受几百年风雨剥蚀，但仍为闽北地区较大、保存较完整的石制牌坊。

7. 五夫过街牌坊

在闽北，有些古街常常会设置过街牌坊，其主要功能是起分割街巷空间的作用，同时作为街巷的标志物，也对行人起到引导的作用。在五夫兴贤古街里设置有籍溪坊、中和坊、儒林坊、朱至坊、紫阳坊、双溪坊 6 个跨街牌坊，在牌坊上分别镌刻有“崇东首善”“五夫荟萃”“天地钟秀”“籍溪胜境”“紫阳流风”“三

图 3-13 “过化处”过街牌坊

峰鼎峙”“三市街”“过化处”“天南道国”“邹鲁渊源”等历史名人的手书横额。“邹鲁渊源”牌坊为一座两层牌楼式结构，牌楼由青砖砌合而成，宽约 2.3 米，高 3.8 米，墙厚 0.4 米，体形较大。“天地钟秀”和“三峰鼎峙”牌坊都为牌楼式结构，屋檐现装饰琉璃筒瓦、水滴等构件。“天地钟秀”牌坊的门为方形，“三峰鼎峙”为券顶门，两个牌坊的门宽度和高度大致相同，宽约 1.8 米，高 3 米，在“天地钟秀”牌坊的正面题写“天地钟秀”，背面为“籍溪胜境”，在“三峰鼎峙”牌坊背面则题写“紫阳流风”四字，这些文字都采用横向阳文行书进行题写（图 3-13）。

“三市街”牌坊暗示人们前面不远处为热闹的市场贸易空间；其背面的“过化处”则代表接受教化，要抛弃世俗的影响来接受精神的洗礼；在牌坊脊式上设立“鳌鱼”，据说源于《淮南子·览冥训》中“女娲炼五色石以补苍天，断鳌足以立四极”之说，同时还有“独占鳌头”之说，希望通过此街的学子能够实现科举高中的美好愿望。

三、宗祠

宗族是指以血缘关系为纽带所形成的社会群体，它是中国传统社会结构的基础。中国古村落居民多以宗族为单位，聚族而居，彼此之间血脉相连，有血浓于水的亲情和共同的家族利益，他们在生活上相互照顾，生产上相互帮助，形成了和谐的人际交往关系。血缘纽带使整个村落富有凝聚力和精神感召力。宗族内部重视伦理观念，根据脉络相承的原则形成世代系列，有“宗”“支”“房”“祠”等带有秩序性的血缘集团，是宗法制度的具体反映。宗祠是指同一家族祭祀祖先的家庙祠堂，是中国传统社会中典型的礼制性建筑，它有祭祀性和议事性的双重功能，宗族事务多在宗祠中商议处理，所以还兼具社区性公共建筑的属性，在乡土建筑中占有相当重要的地位。

《国语》中曾提出：“夫宗庙之有昭穆也，以次世之长幼，而等胄之亲疏也。”这充分体现宗法制在中国古代社会中的影响。《家礼》有云：“ 君子将营宫室，先立祠堂于正寝之东 。”在宗族群居的村落，最高等级的公共建筑是宗祠，宗祠是宗族的象征，它起到团结宗族、维系封建社会人伦秩序的作用。诚然，宗教信仰、风俗习惯等也是促进人与人之间交往的重要因素，具有相同宗教信仰、“志趣相投”的人更容易发生交往活动。

在村落规划布局上，宗祠会被安排在村落的中心位置，门前多有宽阔的广场，便于村民聚集。宗祠是村落中最重要的礼制建筑，这里供设祖先神主牌位，是集举行礼仪祭祀和宗族议事执法于一体的公共活动空间，还是宗族成员婚丧嫁娶、考取功名的仪式举行地；也是他们进行娱乐活动的场所。它是宗族文化的物质载体和精神寄托。“举宗大事，莫大于祠。”宗祠建筑一般都比民宅规模大、质量好，越有权势和财势的家族，他们的宗祠往往越讲究，高大的厅堂，精致的雕饰，上等的用材，成为这个家族光宗耀祖的一种象征。

闽北古村落中的宗祠建筑都采用中轴对称的空间布局和高低跌宕的空间变化处理，营造出昂然肃穆的空间氛围，并将其固化成为人们的精神意识，从而达到维系宗亲、巩固感情、慎终追远、维护礼教的政治功能。祠堂通过其高大、威严、肃穆的建筑空间，通过悬挂高堂上的匾额、楹联，以及厚重的记事碑刻，唤起族人纪念、怀想、崇赞、感恩的情谊，使人身处其间即产生一种敬畏之情。闽北宗祠有着处理公共事务、提供娱乐场地、家族聚会的三重功能，它给我们留下了丰富而宝贵的物质遗产，其所蕴含的追求“礼”的秩序与和谐的精神更是留给我们弥足珍贵的非物质文化遗产。近年来，闽北古村落众多宗祠的功能被不断扩大和延伸，不仅承担祭祀功能，同时也成为人们劳作、休闲的公共空间。收获季节，祠堂内总能出现众多忙碌的身影；而农闲时，这里又成为乡邻交流休憩的去处，淳朴的乡音夹杂爽朗的笑声在高大神圣的祠堂里回响，展示出充满生机活力的开放性空间形态。

1. 刘氏家祠

在武夷山五夫古镇中有刘氏、彭氏、连氏、王氏、詹氏、江氏等大小祠堂近十座。其中规模最大的要数刘氏家祠，它原建于府前村，清光绪六年(1880 年）移建至兴贤古街街头，为典型的清代建筑风格。在五夫，刘氏家族地位颇为显赫。据史料记载，早在中晚唐时期刘氏家族已经迁居五夫里，到了宋朝，刘家人才辈出，刘韐、刘子羽父子的忠肝义胆，刘子翚的道德学问、刘珙的人品政绩都在宋朝历史上留下光辉的一页。朱熹曾为刘宅写了两副褒颂功德的对联："两汉帝王胄，三刘文献家。""八闽上郡先贤地，千古忠良宰相家。"

刘氏家祠与兴贤书院隔街相望。家祠坐东朝西，硬山式屋顶，抬梁穿斗式混合梁架，土墙围筑。整个建筑分为前进、正殿、后殿，两侧为走廊，正殿面阔三间，进深 20 余米。在高大精致的砖雕门楼上方正中嵌有石刻"宋儒"竖匾，下有横额石刻"刘氏家祠"，这些石刻匾额昭示着儒学世家身份。刘氏家祠门楼为砖石结构，与连氏节孝坊的建筑形制基本相同，为四柱三间砖石结构，错落有致的马头墙，增强了门楼的层次感。门楼正中开设有矩形大门，左右两侧各有一扇半圆券顶旁门，这种方圆组合，突出古人在建筑设计中遵循"天人合一"的哲学思想。门楼中部有大量精美的砖雕，两侧则用青砖砌合，整体布局主次分明。在门楼方框上有两幅砖雕作品，左边作品画面中葫芦状宝瓶里插着一杆古代兵器"戟"，组成"平升一级"图案，四周刻绘古琴、棋盘、书函、画轴等"四艺"图案，代表文人雅士的文化修养。这组图案将古代文人追求功名期望和具备文化修养结合在一起，这种境界正是他们梦寐以求的理想。右边则为"平和如意"纹饰，细颈圆腹的宝瓶里插着荷花、莲蓬和拐杖，拐杖上挂着一只金磬，周围有字画、佛手、如意、芦笙等纹饰，代表博古通今、崇尚雅趣之意。特别是瓶中插荷花和莲蓬的纹饰，在同类题材中颇为少见，这不仅将"千古忠良宰相家"清廉无瑕之意表现出来，同时也凸显出五夫镇作为"白莲之乡"的地域特色。这两片砖雕整体构图极为相似，但意蕴却各有不同，我们不得不佩服古代工匠的卓越才干和审美情怀，他们将儒士一生的理想和追求浓缩在有限的空间中，并形象地表现出来。整个门楼竖向高耸，采用中轴对称式布局形式，墙面装饰繁简有度，表现出很强的秩序感和统一性，凸显出宗祠肃穆和尊贵的地位（图 3-14）。

跨进正门就有一条直达正厅的“正步道”，左右两侧厢廊约5米宽，它们将前厅和正厅有机地连接在一起，从而使空间得到充分利用。与狭长的前厅相比，正厅更显得方正。据刘氏族人介绍，正厅的形制不仅符合“天圆地方”的宇宙观，而且还有“方根”的精神意象，旨在告诫刘氏子孙做人要堂堂正正。正厅中间的神龛供奉着刘氏五位先祖的木雕神像和牌位，上方挂有“忠贤堂”“精忠望族”“理学名家”的匾额，四周立柱上挂有“两汉帝王胄，三刘文献家”“八闽上郡先贤地，千古忠良宰相家”“白水家深远，屏山世泽长”“赤首擎乾坤精忠昭日月，丹青扶社稷节义薄云天”等楹联，显示刘氏祖先的丰功伟绩，同时对子孙后代也起到鼓舞和鞭策作用。大厅用四扇板门做成后壁，左右有腋门，两侧壁上书写刘氏家训。按族规，每逢重大活动如祭祀等，只有本族中辈分最高的人，才有资格领头步入祠堂。如若有外人加入活动，即使高官，也只能屈尊走两侧的厢廊。否则，就是对其祖宗的不敬，这也是其他家（宗）祠中的一条重要规则。后殿为厨房，这在闽北宗祠建筑中不可或缺，俗话说“人以食为天”，每每在家族聚会、清明祭祖、婚丧嫁娶、寿庆添丁时，族人都要在此烹饪佳肴、开桌设宴、饮酒攀谈，进行更深层次的情感交流（图3–15）。宗祠建筑是传统建筑艺术中的代表，其建筑形式与视

图3–14　五夫刘氏家祠

图3–15　刘氏家祠正厅

觉图文样式有着丰富的文化内涵。在传统农耕社会的组织结构中，民间社会的自生秩序是依靠乡村礼俗等文化符号来维系的，这就使得民间宗祠成为乡村社会血缘群体内部公共文化的第一现场。

除了刘氏家祠，五夫还有连氏宗祠。连氏宗祠始建于明朝隆庆年间，在风雨沧桑的时代变迁中，祠宇倾颓，后来由连氏宗亲募捐，在潭溪之畔、紫阳楼对面按照原有建筑形制进行重建。连氏宗祠门楼采用较为简单的院墙门楼形式，大门直接开设在院墙上，门上为两层斗拱的门头，其宽度与大门相仿，门洞上方镶嵌一块石匾，刻写“连氏宗祠”，大门两侧镶嵌方形和圆形砖雕，以“刘海戏金蟾”“福禄双全”“封侯爵禄”为题材，刻工精细，寓意吉祥。连氏宗祠门楼并不十分突出，融合在整片山墙之中，形成统一整体，展示出肃严质朴的视觉效果，成为五夫古建筑中一道亮丽的风景线。五夫镇祠堂门头形制多样，风格端庄敦厚，质朴严谨，门楼上装饰形式多样，内容丰富，寓意深刻，繁简有度，这些门楼与宗祠的其他建筑共同构建了人们的精神家园，成为维系家族团聚的纽带，加强了家族的凝聚力与向心力，同时也起到维护道德和人伦法庭的作用。

2. 邹氏家祠

邹氏家祠建于清乾隆五十八年（1793 年），占地面积 300 平方米，为邹茂章、邹英章兄弟合资修建，是武夷山境内迄今为止保存最完好的一座祠堂建筑，也是下梅村标志性的古建筑。邹氏原籍为江西南丰，在 1694 年，邹元老带着儿子到武夷山下梅定居，经历了几代人的艰苦创业，家业不断壮大，特别是邹氏与晋商合作经营武夷山茶叶每年收入百余万两银子。在获得巨大利润后，邹氏就耗巨资，大兴土木建造豪宅七十余座，修建当溪码头，营建邹氏家祠，修建文昌阁，发展教育。

邹氏家祠正中大门宽敞大气，两旁侧面设有拱式门，门楼气势宏阔，高约 9.5 米，宽约 13 米，正中上方镶嵌刻有“邹氏家祠”四字的砖雕匾额，两侧阴刻“木本”“水源”篆书一对，意思是告诉族人家族的兴旺昌盛有如树木一样，靠的是庞大的根系汲取大地的养分，才能达到叶茂。同时又像江河之水一般，只有汇聚源头的涓涓细流才能形成浩瀚江海，旨在教育子孙要追思先祖艰苦创业之功德，不能忘记根本。

门楼砖雕图案丰富多彩，两侧圆形砖雕分别刻有“文丞”“武尉”，寓意子孙后代能文善武，具有很强的象征意义。门楣上方设有 4 根长半尺左右的雕花石柱，称为“门当”，门础上立着一对抱鼓石，称为“户对”，组合成“门当户对”的建筑构件，据说有镇宅求安的作用，同时也希望家族能够安居乐业，男丁兴旺。

门前原有拴马石、旗台，“文革”时被损毁。门楼砖雕、石雕画面内容丰富，突出敦本、礼仪等主题，表达崇尚出将入仕的思想，各种传统吉祥图案栩栩如生。穿过门楼正入口，前面又有一门紧闭，名为“中门”，每逢农历初一、十五重大节日此门方开，邹氏家族的子孙可由此进入祠堂参加祭祀活动，其他姓氏的人只能从偏门或侧面进入祠堂。

祠堂结构完整，除部分照壁、屏门损坏外，主要构架完好如初。木雕艺术精湛，门柱、横梁都上过朱色防腐漆。祠内还供有记载祠规、家祠史略的石碑。祠内前廊部分为家族举行盛大活动的戏台场地，前廊立柱擎起六方形藻井。上厅有天井，左、右置厢房，楼上有观戏用的场所（即敞式檐廊两列）。大厅正南两根立柱各由四块木料拼成，以“十”字形榫相接，深含邹氏兄弟为创家立业，齐心协力、团结一致，共同撑起一片天地的意蕴。

神坛上供奉祖先的灵位和邹氏先祖艰苦创业时用过的扁担麻绳，每逢清明时节，族人都在此举行祭祀活动，借以教育后人知道前辈创业的艰辛，牢记祖先的业绩与功德。正堂大厅有四扇木雕鎏金门，雕刻中国传统孝道二十四个经典故事，下厅可搭建临时戏台，顶上有藻井，两侧有厢楼供听戏用。按照传统，邹氏家族每年要举行春祈秋报两次祭祀活动，其时除祭祖饮胙外，还请来戏班在家祠内唱大戏，费用从祖宗公产照田的年田租中开支，宗族中按房轮值管理照田事务。邹氏家族照田甚多，遍布下梅、曹墩等地，并设庄收租。

3. 马氏宗祠

政和县镇前马氏宗祠坐落于千年古镇——镇前镇美丽的鲤鱼溪畔，也是古老的关隶县城的驻地。宗祠建在马昇文化广场内，坐东朝西，即坐甲兼卯，向庚兼酉。宗祠背靠青山，龙脉起伏腾越有力，门前是马昇文化广场及平缓宽阔的明堂，朝向著名的金元宝山岗；左右周围山清水秀，山环水绕，郑源溪与坑里溪在明堂内交汇，呈玉带形状水出癸口，为历史悠久的犀龙桥所横锁。

马昇文化广场占地 12 亩多，约 8000 平方米， 总投资 1500 万元。2017 年开工建设，2019 年 10 月 18 日竣工。马昇文化广场分上、下广场，上广场长 38 米，宽 64 米，面积 2432 平方米；下广场面积 1788 平方米。广场内有停车场和绿化景观等。马氏宗祠占地面积 1680 平方米，建筑面积 2588 平方米，宗祠面宽 24.88 米，

图 3–16　气势恢宏的马氏宗祠

深 40.67 米，是一栋两层楼古典风格的雄伟建筑。屋檐上的双龙戏珠、凤凰、吉祥兽生动逼真，似上天派来的宗祠守护神；宗祠房顶盖灰黑色的琉璃瓦，显得庄严肃穆；宗祠大门正上方是当代著名书法家马牧题写的“马氏宗祠”祠匾；宗祠有类似天安门样式的三个金色大门，正门大，左右两门略小相对称，整体雄伟壮观；门前一对石狮，虎虎生威（图 3–16）。

一楼正堂，气派非凡，其上方悬挂新中国国礼艺术大师马君声题写的“扶风堂”堂匾；堂前 4 根石柱，巧夺天工，雕刻 9 条龙，象征巨龙腾飞，万马奔腾；12 根采自浙江深山老林的巨大柱子上挂着由多位中国马氏书法家书写的对联，为后代留下珍贵的传世墨宝；屋檐下，刻画先祖功德、孝道文化，图文并茂，熠熠生辉；正堂供奉历代先祖牌位，大堂灯火通明，烛光闪烁，香火缭绕，是子孙缅怀祖德宗功、祭祀报恩之堂。一楼大厅内，两边墙上挂着 40 个马氏历代名人简介镜框，陈列着全国各地马氏宗亲参加庆典所赠送的 30 多个牌匾、锦旗、字画及展示着马氏家训、家规孝道等重要的马氏文化。一楼大厅是举行祭祀、庆典、宴会等大型活动和教育子孙后代的重要场所。二楼设有大型会议室、文物陈列室、办公室、接待室等，厅室功能齐全。宗祠左边是镇前马氏始迁祖、元朝兵部侍郎马昇 6.6

米高的大型石雕像，右边是食堂和宗祠修建立碑等的捐资功德榜。

4. 谢氏宗祠

早在乾隆年间，周宁县赤岩村谢氏先祖就在村头旁的奇淀岗山麓始建宗祠，此后几百年间虽然多次进行重修，但随着时代变迁，风雨沧桑，祠宇倾颓，最终还是被挪为他用。直到 2009 年，由村落中的谢氏宗亲募捐才得以重新修建。重建后的祠堂为石木结构，屋顶为重檐歇山顶，正面悬匾额，中书“宝树长春”，屋脊上“双龙戏珠”的泥塑与青色琉璃瓦对比鲜明，相映成趣。建筑拾级而上，祠前有广埕、水池，占地 1200 平方米。大殿前廊挺立着 6 根青石龙柱，上设石制横梁和斗拱，廊顶有一幅巨大彩绘壁画。据村民介绍，原本要绘制一幅《清明上河图》，但画师觉得临摹名画虽好，却缺乏当地特色，于是改画成一幅带有家乡意境的青山绿水壁画，作品采用散点透视的构图手法，把群山、沟涧、树木、田垄、小桥、流水、人家等物象融入画面中，将赤岩村周边的美景真实再现出来，这幅作品充分展露出民间艺人的智慧和才情。在祠堂大门两侧墙面上镶嵌着题材各异的石雕，作品采用高浮雕、透雕、线刻等多种雕刻技法，雕刻精美，题材多样，有人物、花鸟等。山水殿内的梁架则为木质结构，用料较大，月梁形式古拙，横梁表面的木雕装饰繁简有度，生动活泼，花板木雕用彩绘装饰，大大增添了梁架的艺术表现力。整个建筑在用材上采用外石内木进行巧妙搭配，外观给人一种肃严永固的视觉感受，而内部又给族人以温馨亲切的情感空间，这正是中国传统宗祠文化中将“尊”与“亲”融为一体的集中表现。谢氏宗祠墙壁上挂着一排排谢氏家训家规，十分醒目。我们可以从中了解谢氏家族家风文化，以及谢氏祖辈崇尚知识、兴教育人的精彩故事。

5. 蔡氏祠堂

元坑镇位于顺昌县城西南 12 千米处，闽江上游金溪河贯穿全境，是古代福建与中原的重要交通要道。福建土著先民很早就在这里垦荒围猎聚居生活。到了宋朝，由于此处理学名家辈出，如杨时、廖刚、游酢等而声誉大噪，被誉为“理学名邦”。入明之后，元坑经济持续繁荣，村落建设兴盛不减，面积广大，格局完整，且历史建筑成片分布，人文习俗传承有致，文物古迹保存完好，是闽北地区历史文化传统街区的典型代表。元坑为多姓杂居的古村落，其中萧氏、饶氏、陈氏、叶氏为大姓人家，村中祠堂甚多。有东郊村的张氏宗祠、陈氏宗祠，秀水村的吴氏宗祠，九村的蔡氏宗祠、朱氏宗祠和福峰村的廖氏宗祠、饶氏宗祠等，至今保存较好。

蔡氏宗祠坐落在元坑镇，据《蔡氏族谱》记载，该祠建于清代嘉庆年间，是蔡氏后裔祭祖的场地。宗祠坐东朝西，东南面是民房，北面与朱氏宗祠相邻，西面是空坪。三进庭院，布局为中门（前厅）、天井、左右回廊、戏楼、大厅（中堂）、后天井。砖木结构，建筑面积400多平方米。墙上有各种砖雕人物、书画、动植物，形象逼真，具有较高的工艺水平。一进大门为砖雕五门牌楼，面壁浮雕文武官员、战马、楼阁和花草图案。门檐顶部横书“蔡氏宗祠”四个楷体字，牌楼整体规模大，建筑雄伟。三进大厅，悬山式屋顶、抬梁穿斗混合式梁架，面阔五间，进深五间，厅外设长廊，半圆形轩顶，进深2.08米，地面略低8.5厘米。明间靠近檐柱减金柱，一根大横梁作大跨度抬梁，搭在檐柱纵梁上。无斗拱，圆形平盘斗和雀替透雕花卉图案，椽上铺望砖覆盖泥质瓦，金柱圆形抹角，四方形廊柱，廊下左右设五级普通石板台基，中间设两级普通石板台基。柱础有圆形鼓腹、四方鼓腹和直口圆形鼓腹六角底座三种，大门宽2米、高3.2米，大厅屋顶高6.66米。南北面山墙1米~2米处用碎瓦片黄泥土混合夯筑。

四、书院

孔子是儒家学派创始人，同时也是中国教育的先祖。儒家文化重视教育，孟子把“得天下英才而教育之”视为君子三乐之一。书院作为中国古代一种独立的教育机构，以私人创办为主，是研究和传播儒家思想的重要场所，是文化传承的载体，积聚大量图书和资料，在我国教育史上有着重要而又独特的地位。

书院形成于唐，盛行于宋、元、明、清，前后存在一千多年。闽北作为朱子理学的发源地，书院教育一直十分兴盛；书院既是教育教学机构，又是学术研究机构，实行教学与学术研究相结合。书院盛行“讲会”制度，允许不同学派同时讲课，开展争辩；书院开放，不受地域限制。教学一般采用自学、互问和集中讲解相结合的方法。发达的书院教育对地方文化产生了深远的影响。

据史料记载，自唐至五代三百余年全国约有书院70所，其中福建7所（闽北2所）。闽北最早书院为唐乾符年间由唐兵部尚书熊秘所创建的“鳌峰书院”，原为子孙攻读之所，据方志记载，先后有13名熊氏子孙在此获取功名，直至明末清初才终止。

邵武和平书院自创办起前后历时千余载，不仅开启宗族办学之先河，引后人争相效仿办学，更是造福桑梓，创造了和平历史上教育发达、文风炽热的文化教育盛景。邵武历史上英才荟萃，俊贤辈出，也无不直接或间接仰仗于和平书院，乃至宋元时期，闽北“文风昌盛，儒学蔚兴，中举人和进士人数众多”，以及明、清书院讲学之风极盛，各地纷纷兴办书院，书院教育由此趋于鼎盛，无不功归于和平书院的榜样力量。

功能性空间和非功能性空间是闽北书院的两大构成部分，前者主要是为讲学和学术研究服务的，包括讲堂、大门、门厅、藏书楼、斋舍、食堂等；后者则体现书院的祭祀功能，一般包括泮池、泮林、泮桥、文庙（或先贤祠）、纪念性祠堂和碑等。从具体用途来看，整个书院又可细分成教学区、祭祀区、藏书区、生活区和游憩区五个空间领域，它们分别以讲堂、祭祠、藏书楼、斋舍、园林为中心。书院中轴对称的规整式的布局为其深深地刻下一道礼制的等级性、秩序性的痕迹。书院的讲堂是教学和学术研究活动的主要场所，循礼制的“尊者居中”的理念，一般位于中轴的中心位置，并配以山门、庭院，为空间铺垫烘托气氛。作为书院精神支柱代表物的祭祠多排在讲堂后，于中轴线中心偏后的位置，并营造幽静、肃穆的环境，以增添祭祠气氛。藏书楼是书院重要标志，体量较大，一般安排在二、三层，落于中轴线的末端。斋舍是师生日常起居生活的场所则结合院落置于两厢。此外，除有严格主次顺次的主体建筑之外的辅助建筑部分，常常采用自由式布局，这类布局是在建筑配置上表现为无明显的主次之分，不严格对称，只要宜人的空间尺度和体量可根据需要自由组合，体现出“乐”的思想。至于游憩部分则更可因地制宜，灵活配置，规模较大的书院则可沿纵横两向循规拓展。书院作为严谨和谐的教学、学术研究场所，其布局模式深受中国传统官学模式“礼乐”思想、佛教建筑形制的影响。

传统的“礼”“乐”思想，既有相互独立的内涵，又是相辅相成的。“礼”和“乐”相结合，贯穿于中国古代制度文化和艺术文化的各个方面。建筑可以是某种文化和意识的载体，书院建筑承载着讲学、学术研究的实用性功能和祭祀的礼制性功能。还寓有“乐”的情趣和审美意识，是典型的“礼”的等级性、秩序性与“乐”的和谐性的完美结合。教学是庄重、严谨的，因而讲堂、斋舍、藏书楼一般都按照“礼”的秩序性沿着中轴对称顺次布局，祭祀建筑也必须按“礼”的等级性、秩序性，根据纪念对象地位的高低，有次序地布列，而园林景观等属于师生休息和陶冶性情之处，根据“乐”的自由思想择宜布局。

1. 和平书院

和平书院地处今福建省邵武市和平镇，是闽北历史上最早的书院之一。系后唐工部侍郎黄峭（871—953）弃官归隐时创建。据《黄氏宗谱・峭祖行录》记载："黄峭弃官归隐，既而创和平书院，诱进后人。……处此五季更移之际，唯戒诸子韬光养晦，毋昧时而躁进。"可见和平书院初创时为专供族中子弟就学的黄氏家族自办学堂，宋代后，和平书院逐渐演变成一所地方性学校。

在和平古镇其他姓氏的家谱中有记录，他们将本族的部分子弟送到和平书院里学习，同时也通过捐钱物粮食、捐田等方式资助书院，说明此时和平书院已不再是黄姓独有的家族学堂。和平书院开创了宗族办学的先河，此后，和平乃至全邵武各姓氏宗族都争相效仿，办学重教蔚然成风，营造了和平镇千余年重视教育、读书求学的好传统好氛围。现存的和平书院位于古镇区西北隅，占地 700 多平方米，建筑面积 500 平方米，坐东朝西，为四合院式天井院建筑，据清咸丰五年《邵武县志》记载，乾隆三十四年（1769 年）应士民黄浩然等所请，于文昌阁辟地复建，"以唐宋旧名名之"。知府张凤孙并为文昌阁作记。书院门楼质朴无华，正门门额砖刻"和平书院"四个楷书大字，门前空坪上以小卵石铺筑成几何图案，北侧有一面砖石结构的单体门墙，门顶略似一顶官帽，中间一大门，两边各设一券拱小门，形似一个"品"字，据说是暗喻"读书为做官，做官要做有品级的大官"，在书院正大门楼的廊楼上正中位置有一块木雕月梁展开的书卷，图案寓意"开卷有益"，上镌刻"天开文运"四个大字，如此刻意

图 3-17　和平书院门头

图 3-18　和平书院正厅（图片来源网络）

装饰传递出强烈的封建社会“学而优则仕”的思想意识（图 3–17）。

步入单进厅，可见穿斗式构架，斗砖封火墙，堂房地面比天井和廊楼地面高出 1.6 米，天井正中筑十三级石阶到达堂房大厅，据说前六级为努力读书，从第七级到第十三级意为从七品至一品，寓意步步高升。天井两侧及门楼建廊楼。堂房面开五间，中为厅堂，两侧为教室，厨房等设于堂房后封火墙外的三坡水附属建筑物内。书院正厅为授课之所，正上方悬挂“万世师表”的牌匾，虽为新制，但也足见当地居民对传道授业的孔夫子的褒扬之情，脚下地砖经千百年的踩踏变得坑坑洼洼，凹凸不平，似乎在向人们无声地诉说当年学子呕心沥血、悬梁刺股的艰辛求学经历。书院中于清同治、光绪年间增建的部分建筑，吸收西洋建筑的表现手法，与书院主体建筑风格迥异不成一体。书院后墙之门被堵上，唯见门窗上镶嵌一片刻有“和平书院”的木匾，字体苍劲有力（图 3–18）。和平书院自创办后历时一千余年，中华人民共和国成立后作为“和平小学”校址，“文革”后学校才迁入北门外的新校舍。

2. 兴贤书院

兴贤书院坐落于武夷山市五夫镇北部，始建于南宋孝宗时期，元初书院被毁，清光绪二十四年（1898 年）由乡人连成珍等 14 人首倡，并得到崇安县令张翥支持而重建。院内分为讲学、祭祀、藏书、生活等空间。这些空间既相互独立，又互有联系，它们共同构成了书院的功能群体。书院坐西朝东，呈长方形布局，门前有宽阔的广场，其占地 2000 多平方米，共分三进，前为正堂，中为书院，后为文昌阁和膳宿处，门楼前留有近 70 平方米的广场（图 3–19）。

图 3–19　兴贤书院门楼

书院门楼为六柱五楼式砖石结构，“一字形”布局，整体造型呈七山跌落幔亭之式，雄伟凝重，气势磅礴，蔚为壮观。门楼正中有一块“兴贤书院”石制竖匾，取名“兴贤”，意为“兴贤育秀、继往开来”。正门砖雕横额上刻有“洙泗心源”，两侧旁门为半圆券顶式，门楣上有砖刻横匾，左为“礼门”，右为“义路”，实为朱子理学之“礼、义、仁、智、信”五常中为人处世的首要原则。两侧的旁门仿佛在护卫着正门，它们共同组成了整座书院的门面。门楼屋檐下的砖雕斗拱呈发散式排列，与飞翘檐角形成一股向天升腾的动势，书院门楼上最有特色的要数屋檐顶上高高供置的三顶砖雕官帽，正中为“状元”，左边为“榜眼”，右边为“探花”。官帽自古以来就是极具代表性的符号，它是多少学子梦寐以求的精神向往，在书院门楼上放置这些官帽不仅对莘莘学子起到鞭策作用，也直接昭示了“学而优则仕”这一儒家古训。

书院第一进为正堂，它是由门厅、下廊、上厅、天井组成的相对独立的空间。正堂里红色梁柱与四周白色墙壁形成鲜明对比（图 3–20）。上厅正壁上绘有一幅高 3.3 米、宽 2.3 米的《龙生九子图》的彩绘，画面群龙飞舞、造型各异、苍劲有力、栩栩如生。相传龙生九子，各不相同，却各有其独特的超凡法力。其上方悬挂一块“继往开来”堂匾，匾长 2.6 米，宽 1.2 米，有“上继往哲，下开来学”之意（图 3–21）；门厅上的横额则题为“升高行远”，旨在勉励学子树立远大志向；上厅的立柱上挂有“穆穆皇皇大圣人宗庙之门万世学宫，沧沧济济睢君子能由是路出登紫阁”“祖述尧舜宪章文武，裁成礼乐参赞天人”带有勉学进取含义的楹联，将书院正堂渲染得庄重而又神圣。天井中有石制花架，盆盆幽兰摆放其上，令人心旷神怡；开阔的天井为正堂提供充足的光线，也使这里的空间得到延伸和扩展。正堂是教学和举办活动的主要场所，处于书院的中心位置，凸显传统“尊者居中”的布局原则。书院第二进为书庑，庑分左右，中为甬道，专为传道授业解惑之所。第三进为二层楼阁构建，楼上的文昌阁为书院祭祀空间，中座供奉文昌帝君，左右兼祭祀胡宪、刘子翚、朱熹等五夫诸贤，这不仅为求学士子树立了处世治学的儒学规范，而且也展示了书院的学术渊源，有利于扩大书院名声，聚揽更多士子学人。楼下为学生起居室和书斋，另有辅助用房则因地制宜，灵活配置。整个书院布局严谨大气，灵动和谐，体现了“礼乐相成”的群体布局观。书院的左侧是当年朱子门生焚化稿纸的焚化炉，是一座铁铸的炉鼎，高 3.5 米，共 4 层，炉鼎上有精美的龙门造型，并且雕刻龙凤的吉祥图案，在炉鼎四周装饰有精美的花卉、钱纹等图案，更加富有装饰趣味。白墙壁上一对栩栩如生的灰塑龙鱼，寓意“鲤鱼跳龙门”的典故，表达了对学子在秀才、举人、贡士和进士四级科考中能够科举及第的期许（图3-22）。

书院门楼的梁与柱紧贴墙面，梁坊和柱头以砖雕装饰，牌楼顶高出墙头凌空而立，牌楼大门以清一色的灰砖砌筑而成，正面灰砖雕刻精美的植物纹样，周围墙上绘满彩绘，艳丽夺目，墙身和屋顶衔接处以砖雕斗拱装饰，一层又一层极其精细美妙。这些斗拱摆放颇为讲究，以中轴线为准，中间斗拱与墙面相垂直，而越往两边斗拱与墙面形成的角度越大，整体呈发散状，它们与飞翘的檐角共同形成冲天之势，喻示理学精髓由此传播出去。我们无不惊叹古人辉煌的创造力，他们实为建筑美学意象高手，营造出极具创意的建筑形态，给后人留下无尽

图 3-20　兴贤书院正厅

图 3-21　“继往开来”匾额和《龙生九子图》彩绘

图 3-22　栩栩如生的龙鱼灰塑作品

的遐想。书院建筑作为中国古代建筑中特色的群体，往往会带有一些“皇家”气派，其建筑色彩与普通建筑有着较大区别。五夫镇里其他古建筑都采用灰色调，即使是华丽的门头也不施色彩，尽量保持材料的本色，唯独兴贤书院采用大量鲜艳的色彩进行装饰美化。书院门楼两侧山墙采用类似宫庙建筑的色彩处理手法，墙面施以红色，墙檐则为黑色；门楼墙面采用青砖原本的灰色，一些堆塑作品采用宝蓝、褐色、浅蓝、橘黄等矿物质颜料进行描绘；四周山墙檐口施有条状白灰，并在其上饰以彩绘。彩绘选用民间喜爱的祥禽瑞兽、山水人物、历史典故以及传统吉祥纹样构图，这些彩绘内容丰富、造型生动、疏密有致，犹如服饰的镶边，极其优美。整个门楼在保留建筑材料本色的情况下，对局部进行加工处理，同时灰色门楼又与周围红色山墙形成强烈的色彩对比，为寂静的兴贤古街增添了几分生机。这样的色彩组织与安排，营造出兴贤书院稳重、雄浑的文化性格，也是朱子理学被封建统治阶级推崇为正统思想的最好体现。

兴贤书院作为当时全国最有名的书院之一，从这里走出众多的学者大儒，朱子理学思想在此萌芽、成熟并由此传播出去，成为中国文化体系构建中的重要组成部分。如今，乡民对书院依然怀有无比崇敬之情，每年正月都会上演当地民俗舞蹈“龙鱼戏”，浩荡的队伍从街尾文献桥出发，沿古街前行，一路上，村民用古拙的舞姿表演“连年有鱼”“群鲤斗乌龙”等曲目。当队伍到达书院广场时，才开始“鲤鱼跳龙门”“登科及第贵盈门”的表演，转动的花灯、五彩的焰火、喧嚣的锣鼓将表演推向高潮。在这古老的书院前，乡民以质朴的舞蹈缅怀先贤、激励后人，起到教化的作用。

3. 游定夫书院

游定夫，名酢，字定夫，建阳长坪人。在曲阜孔庙大成殿西庑从祀的先儒三十七位中，他排在第十四位。他聪颖过人，是宋元丰五年（1082 年）的进士，官历萧山尉、太学录、太学博士、监察御史、知州、知军等职，清廉一生；学问领域上承二程，下启朱熹，政绩与理学成就斐然，教育、书法建树颇巨。游先生最有名的事迹当属“程门立雪”了，那是《宋史》说的“又见程颐于洛，时盖年四十矣。一日见颐，颐偶瞑坐。时与游酢侍立不去，颐既觉，则门外雪深一尺矣”。

游定夫书院位于延平区城东 28 千米的南山镇凤池村。书院背倚狮山，南临凤水，景物清佳。明清时期曾四次重修，现祠为清道光十七年（1837 年）重修，书院坐北朝南，占地面积 2195 平方米，其中建筑面积千余平方米，由门楼、庭院、

图 3-23　游定夫书院（图片来源网络）

前堂、天井和大堂组成，四周围墙依山面溪，为三进院落，一进门厅、二进中堂、三进大堂，两侧为廊庑，中间隔以庭院，中庭两侧为荷花池。书院门楼用花岗岩砌成，前有宽阔的大埕，大门两侧延至边墙，呈独特的八字形排列（图 3-23）。门楼采用歇山顶进行营建，整个屋檐由十余根方形或圆形的石柱高高托起，檐下以五挑斗拱承托出檐，气势冲天，雄伟恢宏，屋顶翼角飞翘，饰有凤凰，脊饰双龙戏珠。门楼上方以金黄色横书“游定夫书院”，宗堂隐含理学正宗的意义，走进宗堂，最引人注目的是左右两边墙上绘有《闽北理学家荟萃》和《凤池名人集锦》，画面构图精巧，人物神态自然，造型生动逼真，着笔色彩淡雅，形象惟妙惟肖。在厅中的屏风上有书院的简介。中堂为《道南堂》主祀孔子，有纪念游酢“载道南来”的意思，明代匾额“道南儒宗”“载道而南” 悬挂在正厅梁柱上。两侧厅房，一边是历史名人游酢十六世孙游居敬的事迹展室；一边是游嘉瑞先生各种作品的展室。大殿为《立雪堂》主祀游酢，有颂扬游酢程门立雪精神的意思。横匾是游德馨先生题写的，“理学元宗”“西洛渊源”为清代的匾额。

4. 右文书院

右文书院位于建瓯市东游镇党城村，与党城村村部紧连，其始建于清初雍正丁未年（1727 年），书院深约 60 米，宽约 20 米，占地面积约 1200 平方米，土木结构，分正厅、登瀛桥、文昌帝君殿三进，每进三台阶，正厅石阶下两侧植有多种名贵树木，正厅两侧则植有方竹与名贵花卉。登瀛桥为石拱桥，石桥两边为石栏杆，桥下两边为泮池，四周及埂面由河卵石砌成，池两侧两间书斋，文昌帝君殿正中神龛供文昌帝君神像，殿后奎星阁，供奎星神像，上有奎星楼和左右厢

图 3–24　右文书院内的登瀛桥和泮池

房（图 3–24）。书院在光绪年间曾毁于火灾，后经以党城乡绅叶轩荫为主的 160 位乡亲捐助，在清光绪甲申十年（1884 年）重新修建。右文书院讲堂墙面，至今还完整保留清朝咸丰年间绘制的四幅水墨壁画，其内容分别为“蜡梅寒鸦”“夜莺栖松”“一路莲科”“梧桐锦鸡”。这些作品疏密相间，造型严谨，笔墨流畅，具有很强的装饰性，蕴含深刻寓意。画师将寒窗苦读和科举及第之间的关系形象地表现出来，其宣扬劝学重教的功能比装饰功能更为凸显，体现了党城先民对文化的热爱和对理学的尊崇。

书院曾经书声琅琅，人才辈出，在大革命时期，从这里走出多名杰出的革命先驱和优秀革命者。叶露霄，字文海，清宣统元年（1909 年）出生于党城，自幼就读于右文书院，后升学于省立第五中学。1930 年参加中共地下秘密工作，1933 年奔赴崇安苏区，抗战期间，曾任闽赣省委秘书，后参加新四军，任新四军三支队五团三营副营长兼教导员。1941 年，皖南事变，奉命坚守东流山，壮烈牺牲。叶文烜，1937 年任中共地下党党城支部书记。叶康参，又名康生，1916 年出生于党城，幼年就读于右文书院，后进入私立培汉中学，参加中共秘密组织活动。

1934年加入中共地下党，同年被组织派往党城村开展农村地下工作。1938年任中共闽江工委出版的《老百姓》报编辑，1939年调永安从事编辑抗日文章的工作，1946年调福州《民主报》主编。

5. 云根书院

云根书院位于福建省政和县，为朱熹的父亲朱松所创办，书院历尽沧桑，最后毁于清末。新建的云根书院坐落在政和城南青龙山上，建筑面积近1500平方米，群山环抱，山脚下七星河潺潺流过，环境清新静幽，景色优美，有“一览众山小”的独特意境，是文人墨客学习交流的好去处。书院建筑为仿宋风格，古色古香，格调高雅，风貌独特，体现理学文化（图3–25）。书院主体建筑有朱子阁、先贤祠、天光云影楼、碑廊和朱熹雕像。朱子阁是书院的核心建筑，承载讲学、纪念、祭祀和藏书的功能，这里有朱熹及其父亲朱松、祖父朱森的石刻影雕，还陈列有朱熹家族的文史资料，供人瞻仰、参观、查阅；外墙与立面刻有朱子文化的诗词、名言、教规和二十四孝图等，散发出浓郁的理学文化气息。先贤阁是纪念政和历史名人和革命先烈的场所，这里有政和县历代名人和革命先烈的影雕及生平介绍，游客到此会感受到政和县厚重的人文历史，对先贤的敬仰之情油然而生。碑栏上的《重建云根书院记》向人们介绍朱熹家史及一家三代在政和创办书院、讲学布道、兴教治学、开启政和文化教育之先河的经历和伟绩，还有数十首古今名士之诗赋交相辉映，绽放异彩。登上书院最高处临风凭栏，政和的山川河流、楼宇阡陌尽收眼底，使人心旷神怡，浮想联翩。

6. 养蒙书院

郑氏养蒙书院坐落在建瓯市小桥镇阳泽村龙池自然村，创建于南宋。据龙池郑氏家谱记载，书院是古代龙池人读书的学堂，至今已千余载。家谱内还留存宋高祖亲笔诏谕赠予“忠穆阁楼，官林学家”的

图3–25　云根书院的牌楼（图片来源网络）

图 3-26　养蒙书院百官彩绘

字迹。郑氏为龙池大姓，古往今来，郑氏人才辈出，官宦层出不穷。清朝年间，书院正厅供奉着历代龙池村担任官员的 188 位先祖的彩色画像，中堂供有 4 名大官彩像，分别为宋朝的太常博士郑存、大学士郑钰，明朝的刑部尚书、太子少保郑赐，清代的刑部左侍郎郑重等。正厅左右两侧各有 16 名臣像，大厅左右两壁上各有 76 名朝廷官员像，至今还保存 80 人的画像。一个地处边远的小山村，古代竟然能走出如此之多的官员实属罕见，小桥龙池自然村真不愧为“闽北为官第一村”，郑氏养蒙书院更是功不可没。

养蒙书院因其始为教育后代的场所而得名。自郑氏先祖迁入建瓯龙池之后，郑氏家族子孙便在此定居、繁衍生息、兴旺发达，其屡次重修扩建，至今仍有诸多海外郑氏华侨前来此处寻根问祖。养蒙书院为坐西朝东布局，整体平面呈纵长方形，面阔 17 米，进深 24.8 米，占地面积 421.6 平方米。建筑平面中轴由大门、门厅、天井、正厅等部分构成，单檐木构架建筑，穿斗式梁架，风火墙硬山顶，两侧山墙用土夯成。门厅面阔五间，进深三柱；天井两侧带书房；正厅面阔五间，进深五柱带前廊，书院正厅有郑氏先贤郑钰雕像。整个院落建筑宏伟壮观，是历代书院先生、弟子崇拜先贤杰人、学道讲经之圣地，顶上建有龙凤阁以及圣旨直牌匾等，还设有左、中、右大门，每年正月初一、初二、初三及清明节，在外经商出仕的官宦巨贾回籍朝拜辞世先贤都要放三响大炮，打开中门迎接（图 3-26）。

五、庙宇

宗教是人类精神生活的重要组成部分，古代生产力低下，人们便自觉或不自觉地臆想出自然界无处不在的宗教神灵，并加以顶礼膜拜。《礼记·祭法》中说："山林川谷丘陵，能出云，为风雨，见怪物，皆曰神。有天下者祭百神。"这是自然崇拜。《祭法》中又说："夫圣王之制祭祀也，法施于民则祀之，以死勤事则祀之，以劳定国则祀之，能御大灾则祀之，能捍大患则祀之。"这是对心目中英雄的崇拜。这种崇拜也流传在中国乡土社会之中。

宫庙、祠堂、众厅、戏台等公共场所往往是村落的规划中心或布局重点，是古村落平面格局形成的重要或核心因素。在这里，宫庙是宗教建筑，祠堂是宗族建筑，众厅是公众议事、聚会的场所，戏台是公众娱乐场所。在古村落，居民多以家族、血缘为核心聚合，其建筑布局以宗祠和家祠为中心辐射展开，形成一种由内向外自然生长的格局。

"村村皆有庙，无庙不成村"是我国传统村落建构的独特理念。闽北传统儒、释、道三家并存，融合交好，许多村落建有庙宇、道庵、孔庙，彼此相安共处，各行其是，各得其所。古代闽人之好淫祀，自古有名。村落中广泛流行泛灵论的杂神崇拜，大大小小的庙宇林林总总，散布于村内村外。一些村落甚至常有一个庙宇中供奉不同神灵的现象。很多村民其实并不太清楚这些神灵为何方神圣，但是对这些宫庙的态度却都同样的虔诚，所以出现逢庙必烧香、遇神必磕头的习俗。

村落中的庙有大有小，大的有供奉菩萨神仙的寺庙、道观，小的庙一般供奉当地的土地神（也被称为土地庙），其分布比较随意，村里村外、街头田间都可能有土地庙，小的高不过两尺，蹲在墙角，大的也不过局促的单间。除了这些专门的庙宇之外，村子的各种庙宇里，大多也会有土地公、土地婆的一角位置。庙宇的选址常由风水术士决定。多数的庙在村落聚居区之外，照风水术数的说法，庙宇阴气太重，不宜和居民混杂。唐朝卜应天所著的《雪心赋》中说："所戒者，神前佛后。"就是说，不论阴宅阳宅，都不要靠近庙宇。注释说："其地既为神灵之所栖，则幽栖相触，钟居之不安。"村聚不可能为建庙而搬迁，所以只好把庙建造在村外。其实，把庙建在聚居处之外，应该是有很现实的理由的。一是庙中常有香火，容易引起火灾。二是每逢庙会或逢神诞日，香客拥挤杂沓，如庙在村内，则对村民的生活干扰太大。较大的庙还有戏台，每当演出，四乡八邻的人都来看戏，村中难免扰攘不宁且很不安全。三是把庙造在村外，还可以利用它们来起风水术数上增补或禳解的作用。

1. 杨源英节庙

杨源乡位于政和县东南部，这里群山绵绵，岩种复杂，海拔 800 米以上，具有典型的“南原北国”气候特点。英节庙位于杨源村东侧，始建于宋崇宁年间，元、明时期均有修建，现存大殿为康熙元年（1662 年）重建，戏台为道光三十年（1850 年）重建。是为祭祀福建招讨使张谨之神庙，塑有张谨夫妇及部将郭荣等金身（图 3–27）。从前向后依次为戏台、天井、大殿，总占地面积为 420 平方米，大殿面阔 3 间 14.2 米，通进深 29 米，整个建筑为抬梁式穿斗混合架构。戏台通面阔 7.9 米，进深 4.4 米，台口宽 4.3 米，高 2.7 米；戏台重檐歇山顶，内有八角藻井，完整保留着清代重建模样，壁上保存着四平戏剧情的墨书，戏台两侧的圆柱上镶着“三五人可做千军万马，六七步如行四海九州”“聊把今人做古人，常将旧事重新演”的楹联，使人豁达开阔。英节庙古戏台为闽北古代戏剧活动场所代表作之一，戏台照壁上保存着珍贵的戏神壁画，四周的梁柱上也绘有精美壁画。大殿面阔 3 间，檐下外廊宽 2 米，殿内进深 12.4 米，其形制属于典型的一台一殿式祠庙戏场。大殿供奉区为祭祀空间，中间神龛塑

图 3–27　杨源英节庙与矮殿廊桥

图 3–28　英节庙内大戏台

英节侯张谨张八公及其妻子张八婆神像，左侧塑先锋副将郭荣佑灵公及其妻子佑灵婆神像，右侧神龛塑张谨舅舅姚祖公及长子开基祖世豪公神像，中间有长案桌供奉香炉和祭品。晚唐之际，福建招讨使张谨奉命征讨黄巢，于政和铁山横林忠烈战亡，后被追封为英节侯，赐金头银项、三十六葬，并下旨立庙祀典。戏台、观廊与大殿前廊下观演区组成观演空间，戏台明间地板为活动搁板，庙会活动时拆卸以便神像进出，戏剧演出时安装形成完整舞台（图 3-28）。

作为一个宗族血缘村落，杨源村落每年的农历二月初九和八月初六在英节庙都要举行隆重的祭祖庙会。八月初六是张谨的生日，二月初九是与张谨一同战死的副将郭荣的生日，因此每年的庙会便定在这两日。庙会的前一天，村里选派人到铁山祭扫张谨墓，从坟上采来青枝，挂在英节庙内的戏台左柱上。庙会每年由二十户张姓人家轮流当值，庙会当天一早，全村的女人就拿着自己家的祭品到英节庙上香点烛供奉，轮值户的男人便扛着土铳到庙前鸣放，以告慰英灵，又将祖先神像抬出安放于轿中，然后神铳开道，打着回避、肃静牌，抬着土轿一路上敲锣打鼓，大旗招展，浩浩荡荡登上山包，整齐列队祭拜，之后又将祖先像抬入堂内端放在祭台上，点上香蜡、焚烧纸钱，同时空坪上的二十把土铳顺次鸣放，热闹异常，祭祖结束便仿照去时形式将祖先神像抬回庙里。庙会期间，庙里古戏台会上演三天三夜“四平戏”，也因此使“四平戏”这一戏曲“活化石”得以保存下来。

2. 赤岩梅溪宝殿

赤岩村现存的宫庙有梅溪宝殿、崇圣寺和马虎二将军庙等。梅溪宝殿坐落于村头，始建于清嘉庆年间，殿内主供陈靖姑，其与古田临水宫、霍童转水宫同为宁德辖区内的道教圣地。20 世纪 90 年代，梅溪宝殿进行重修，但保留了原有建筑布局与梁架做法。宝殿面阔 5 间，进深 4 间，高十余米，呈对称式布局；屋顶为三重歇山顶，飞檐翘角，整体造型灵动；内为抬梁穿斗式梁架；明间为神殿，殿中央有 4 根直径为 40 厘米的金柱，垫石为覆盆式柱础，柱础上刻有各类吉祥图案，其中以莲荷题材居多，图案有平铺、卷覆、直立的，或为单层或为多层叠加，采用浮雕和线刻的表现技法，将花瓣刻绘得生动具体，并衍生出丰富多彩的艺术形态。在明厅两侧建有房舍，可供香客食宿。殿内外悬挂“泽沛四方”“临水恩波”“有求必应”“恩隆复载”“护国救民”等匾额，殿内还供奉有三十六宫、七十二婆神等地方神灵。每年正月，远近村落的信徒都来此进行祭祀活动，村民还会捧神龛和香炉，带上彩旗、龙伞、神铳、长香、乐器进行迎神巡境，将吉祥平安带给村里的百姓，沿街居民会攀迎香火、燃放鞭炮、献烛礼拜，场面蔚为壮观。赤岩村中宗祠和宫庙无论在建筑形制上，还是在装饰意象方面都与一般民居建筑有着显著的差别，这种差别源于中国传统的宗族观念和宗教意识，同时也体现出当地百姓强烈的宗族观念和“趋利避害”的人性本能。

3. 五夫镇玉皇庵与新兴社

五夫镇内有大兴寺、开善寺、玉皇庵、密庵、妈祖庙、三圣庙、鸣山庙、新兴社、三官庙、土地庙等众多庙宇，分别供奉儒、释、道三教及当地神灵，它们共同组成了乡民求福祈愿的去处。古镇中规模较大的庙宇通常是由多个殿堂组成的二进或三进的院落建筑群，如玉皇庵位于兴贤古街北段、籍溪河畔的风水林旁，庙宇入口处有一座精致的砖雕门楼，朱红色的门板上绘制着色泽鲜艳的门神。院内大雄宝殿和观音殿依次排列，主次分明，四周有参天古树，在阳光的照耀下显得更加静谧庄严、古朴典雅。平日里善男信女在此吃斋念佛、祭神拜仙，以慰藉心灵。逢年过节则会在此举办庙会，这种融宗教信仰、商业贸易、文化娱乐于一体的民俗活动，传承着悠久的历史文化，凝聚着丰富的艺术精华，具有较高的

图 3-29　五夫的玉皇庵

图 3-30　兴贤古街上的新兴社

历史价值和文化价值（图 3–29）。

古镇中的小庙常常被设置在街面的牌坊、水井旁闲置的小房子里。如新兴社位于兴贤古街街尾文献桥头旁，在近 10 平方米的小屋子里垒起一个高 1.5 米左右的祭台，台上供奉胡安国及其妻子的塑像，前面留有一个只能容纳两个人的祭拜空间，整个庙狭小而又简陋，但香火长盛，乡民将五夫先祖胡安国夫妻供奉于此，并取名为“新兴社”，旨在守护兴贤古街，并给这里的百姓带来新气象。古镇还有一些最小等级的庙，通常是在街道拐弯处搭建起一个面宽、进深、高度均不足 1 米的土台，将护佑一方的地方神灵供奉于此，这样不仅方便乡民祭拜，而且也拉近了神与人之间的距离，使神灵与百姓生活更加贴近（图 3–30）。古镇百姓奉行的是“见庙就叩头，见神都供上”“凡百神灵，尽须顶礼”等宗教信条，只要他们需要，就可以寻找或者创造出相应的神明来祭祀，在他们的信仰中具有很强的多神崇拜和共存互补特色，这也是当地居民对美好愿望的寄托。

4. 党城紫竹寺、林公殿与护龙寺

党城村寺庙都集中在下村古码头附近，有护龙寺（1783 年）、关帝庙、紫竹寺、回龙庙、林公殿（1846 年）等寺庙。这些庙宇分别供奉儒、释、道三教及当地神灵，从而形成多神并存的民间宗教模式。紫竹寺始建于清道光二十六年（1846 年），为党城村村民集资兴建。寺内正厅墙上尚存四幅清晰的丹青壁画，分别为喜鹊蜡梅图、黄莺石松图、松鹤栖息图、孔雀栖桂图。紫竹寺的左侧是关帝庙，右侧的林公殿始建于清咸丰二年（1852 年），林公殿旁有一口水井，其水清澈无比，甘甜如蜜，井旁柳树成荫。护龙寺始建于清乾隆四十八年（1783 年）。护龙寺有三宝：一是前殿后边的天井里栽着一棵树龄达 200 多年的紫薇树；二是正殿里“大雄宝殿”牌匾为清乾隆丙午年（1786 年）所题；三是右边侧殿保存的清同治年间的石香炉，长 50 厘米，宽 30 厘米，高 40 厘米。神圣的庙宇起到拱卫、保佑村庄的心理作用，它不仅成为村民祈福纳祥、祭神朝拜的去处，同时也为过往客商、船工休憩投宿提供了便利。

5. 樟湖蛇王庙与蛙庙

樟湖蛇王庙位于福建省延平区樟湖镇中坂街，临江而建，坐东南向西北。寺庙始建于明代，现存为清代建筑。它最早见于文献记载是明万历年间，闽人谢肇淛《长溪琐语》曰：“水口以上有地名朱船坂，有蛇王庙，庙内有蛇数百。”谢肇淛之载证实了樟湖在明代已有蛇王庙，当地俗称为“连公庙”“师傅殿”，是

图 3-31　樟湖蛇王庙（图片来源网络）

图 3-32　樟湖蛙庙（图片来源网络）

樟湖先民崇蛇习俗与道教文化逐渐融合的产物。1992 年因水库建设迁至现址，2005 年被公布为第六批省级文物保护单位。樟湖蛇王庙主体建筑为正殿、前庭（戏楼）、两侧对称肩楼、天井及钟鼓楼。正殿为原拆原建，单檐歇山顶，穿斗式木构架，减柱造。总面宽 28 米，总进深 38 米，占地总面积 1064 平方米。面阔 3 间，内分明间、次间和稍间，宽度不一。庙内前檐的六组斗拱上雕有蛇头形象，檐间老角梁均雕有蛇头形。天井处新立一尊近 2 米高蛇王雕像，右手执拂尘，左手操长蛇，神态自若，栩栩如生。前庭原为露天庭院，以前每年农历七月初七赛蛇神庙会时，演戏酬神的戏台多搭建于此，现已修建成戏楼，中间建有仿古戏台。其屋顶为重檐歇山式，庙两侧为半圆形假风火墙，庙宇四周檐下如意斗拱出檐处的昂头分别为神态生动的蛇首形木雕。2003 年，蛇王庙新建了下殿（仿古戏台）。至此，蛇王庙修缮一新，当地民众对其倍加珍惜（图 3-31）。

福建延平区樟湖镇溪口村的蛙崇拜习俗是福建现存崇蛙习俗中保留最为完整的一处。溪口民间崇拜“蛙神”信俗已有八百年历史。20 世纪 90 年代，因水口水库建设，溪口村整体迁移到闽江对面。重建后的蛙庙规模不大，为单开间单进，面积近 30 平方米，整体造型简单，白色的马头墙附有黑瓦，使整个建筑不失古朴虔诚。在蛙庙的祭台上主祀道教闾山派张萧连三圣君，而传说实际上是蛙神信仰附身于道家法神上，当地人说这蛙神还是雷神的部将。在旧社会的溪口村，家家户户都会带上家中未成年的小孩去庙里保平安，庙宇前为小广场，摆放着香炉。据说家中小孩若夜里啼哭、生怪病、跌倒或发生其他怪事，去给蛙神上香可祈福保小孩平安成长。当地人坚信求子上蛙庙最为灵验。如当年喜得贵子，还要在来年三月三那天去蛙庙斋祭还愿，感谢蛙神赐子。清代，施鸿保在《闽杂记》中记载：闽江上游建州、延平、邵武、汀州四府的百姓还“祀（蛙）神甚谨，延平府城东且有庙”。据传蛙神时大时小，它所至人家，必多喜庆；跑到社庙官衙之中，就预示本地安定无灾；蛙神喜又高又干净的地方，尤喜卧室壁间，这时此户老少必用净器拜接，主人设酒作食，蛙神嗜烧酒，饮后两颊红晕若神醉之态；蛙神又爱看戏，且能自点剧目，主人恭敬地献上戏目单，蛙神必从头到尾看一遍，然后用脚蘸上酒溅去一二点或三四点，依酒溅的戏目演戏，甚合蛙神之意。

溪口蛙节祭祀流程与七夕樟湖的游蛇十分相似，由道士（当地师爸公）主持，核心环节包括：节前抓活蛙—祭祀请神—游神、游活蛙—放生活蛙。参与游蛙的多为小孩，或许学子游蛙可保学业顶呱呱吧。据说这青甲蛙十分通灵，只要游神前祭祀活动做足了，跟它“交代”好，游神出巡时，青甲蛙就会乖乖匍匐在神像肩膀，任凭鞭炮炸响，纹丝不动（图 3–32）。

6. 龙安岗太保庙

龙安岗太保庙位于建瓯市小松镇龚墩村吴墩自然村，建筑占地 1408 平方米，庙门匾称：“真灵仙境，龙安祖殿。”（实指太保祖殿）联曰：“龙安古迹永保兴盛，太保显灵国泰民安。”每逢农历七月七，都有几百上千人上庙进香看戏，热闹三天。此时正值盛夏，夜深时树下草中尽是铺席裹毯而眠的香客。据民国《建瓯县志》载：“龙安岗，在宜均（沂滨），地高峻，俯视郡城，祀萧公太保。”建瓯及附近各县市太保神位大都写“龙安岗上九十九位太保”，或者写“龙安岗上萧公太保”。

该庙今存大殿梁上只有模糊的“壬子年”三字，不能判断年代。入门为戏台，再往前为天王殿，走过十数级台阶就到了太保殿。太保殿左边为 1994 年重建的观音殿，右边为 1981 年重建的膳厅、客房，两边原建筑物均在“文革”中被撤除。1999 年新塑 99 位太保金身。龙安岗太保庙传说为唐末五代闽天德皇帝王延政敕封的，始于何年，难以确考。信仰太保的习俗源于建州，龙安岗为其祖宫，这一信仰风俗伴随物资、文化、人群流通，传遍各地民间。光绪七年（1881 年）燕山刘世英任职建郡，考察民俗时，作了“本地最敬是太保侯王”的论定。相传某地李姓久祀太保，后经营杉木，成为数县首富，龙安岗太保爷遂成商贾财神。庙内有一口铁钟，高 1 米，直径 50 厘米，底口平圆，它明显有别于释寺之钟，阳文曰：“民国八年（1919 年）七月林樊伏愿溪河迪吉，水陆平安，生意兴隆，财源广进”，为木商解愿之物。

六、廊桥

闽北地处福建北部，雨量充沛，水脉纵横，有着独特的水资源。这样的水环境与闽北多山的地理条件一样重要，也就是说闽北地区村落选址和置居特别注重山形水脉的配合。从整体来看，临水择居是江南民居选址的普遍现象。先民为了方便日常生活和劳作，会在河道和山涧上架设桥梁，宋代黄元亮在《乘驷桥记》中写道:“往来之人苦于病涉，舟楫不可得而济，车马不可得而通，必资桥以渡焉。”所以于交通要冲建廊桥，“址以石甃，梁以木构，上覆以屋，旁扶以栏，甍桷峥嵘，丹雘晔煜”，让过往的路人能够方便通行。

在闽北，廊桥俗称厝桥、棚桥、亭桥等。廊桥在闽北古村落中占有很重要的地位，是保留最多、相对最完整的古建筑之一。闽北廊桥制造技术历史悠久，现存最早的廊桥，是位于建瓯市迪口镇黄村的值庆桥，为明弘治三年（1490年）所建，已经有五百多年的历史，是我国目前还在使用、有明确纪年、最早的廊桥实物之一。

廊桥多建在村落的两端水口或水尾处。水口的本义是指一村之水流入和流出的地方，但在闽北古村落中，水口主要是指水流出口处，村落水流出口处的景观和传说总是特别丰富，几乎每一个村落都会在水流出口处设立神坛，建造寺庙、廊桥等象征性建筑以锁水口、聚财气，其也成为美丽乡村的标志。

廊桥的功能除了满足村民日常出行的交通需求外，还是村落公众从事社会活动的场所。廊桥上有桥屋，是人们遮风避雨、驻足稍歇之处；在乡间，也是村民劳作歇息、闲而聚会之所；人们聚集于此将生产的一些农作物及日用品在这里兜售，进行物资交换，满足日常生活需求。闽北一些廊桥还设置戏台等娱乐设施，每年节假日会在此表演传统的游春戏、三角戏、线木偶戏等，节目中有传统的神仙佛祖故事、帝王将相故事、渔樵耕读故事等曲目，有的还会邀请剧团表演现代歌舞和说唱节目。廊桥上神龛中供奉各式各样闽北特色的神灵，众多善男信女常常在此诵佛念经，满足他们的宗教信仰需求。此外，有的乡村还会在廊桥上举行独具特色的走桥、颂桥、中秋节满挂灯笼等民俗活动，满足人们美好的祈望。

1、杨源坂头花桥

杨源乡境内有十余座廊桥，其中以花桥最为著名。花桥位于坂头村，是一座横卧于蟠溪之上的楼阁式风雨桥，始建于明正德六年（1511年），由陈桓进士及第后衣锦还乡建造的，由一主楼和两侧楼组成。花桥坐西朝东。主楼有三层翘檐，

图 3–33　坂头花桥

图 3–34　精美廊桥彩绘

侧楼有两层翘檐，桥屋檐角层叠错落起翘，宛如一群展翅欲飞的金凤。风摇铃铛，清脆如律（图 3–33）。花桥全长 38 米，宽 7.5 米，以 13 米的跨度、7 米的高度横跨蟠溪之上。花桥有 4 个门，进深 6 柱。其不仅以结构独特著称，而且还蕴含浓郁的文化气息。桥内有壁画 96 幅、对联 39 副、柱联 19 副、板联 11 副、梁联 9 副，桥上正中为五层镂花藻井，圆心是一朵大莲花。大莲花色彩鲜艳，绘制逼真，此为花桥的主体画作。整座桥壁画内容丰富多彩，有“桃园结义”“岳母刺字”“水漫金山”和以二十四孝为题材的历史故事，以及“金鱼戏水”“鸟语花香”等抒情写意之画，实为一条包罗万象的书画艺术长廊（图 3–34）。坂头花桥廊道中的

图 3-35　廊桥内的“民道”

供龛也是全省所有廊桥中最多的一座，共有9个供龛，主神龛位于桥正中供奉“观音大士”，左右两边依次是“魏虞真仙”“许马将军”“林公大王”“福德正神”“真武大帝”“天王菩萨”。桥北神龛分别供奉“通天圣母”（道教圣母陈靖姑大奶神像），桥南头神龛供奉的是花桥的建造者“陈桓、陈文礼二公”，这是后代对先祖功德的纪念。

花桥西北边设一小楼梯可通达二楼的文昌阁。古时每年都会在此宴请当年取得功名的陈氏子弟。正中房间为读书人考试专用，二楼也设神龛供奉“魁星”和“玉笔”两位书神。

花桥上设有三条通道，正中宽敞的大道为“官道”，也称“佛道”，顾名思义就是专供官宦之人和佛家道家之人行走的；两边各设一条不足1米的狭窄通道，一条是供村民日常往来的“民道”（图3–35），另一条是“商道”；在廊桥下游一侧专设供牲畜通行的“畜道”，古代妇女地位卑微，只能走“畜道”过桥，只有上了“佛”的信女才能走桥面大道，这一设计实属罕见，也是中国封建社会歧视妇女的历史见证。坂头花桥不仅建筑独特，而且承载着丰富的中华传统文化信息，极富文化品位，犹如一本内涵极为丰富的文化典籍。

2. 集瑞廊桥

在建瓯市南雅镇集瑞村南侧有一座奇特的集瑞廊桥，整座桥由两座桥组成，大桥套小桥。集瑞桥系简支梁廊桥。过去，从南雅到迪口，再到延平，均要从此桥经过，是一座极其重要的交通桥梁。据明朝《嘉靖建宁府志》记载：“集瑞桥成化二年（1466年）重建，木梁，构亭七楹。”现存建筑建于清朝咸丰三年（1853年），劝缘福首游富兴、范昌雄，劝缘总理邱华遇、罗朝贵；建桥木匠周宜兴，泥匠、石匠林永瑾。此桥于2009年进行了维修。相传早年村庄是在桥的上游，后来有一个龙岩人，姓王，来此定居，其后裔在对岸盖了很多房子。据说该桥两头山形是两条龙脉，把桥建起来了，相当于将龙脉重新连接起来，村庄就会兴旺。同时也锁水聚气、敛财聚宝，保护村寨的安宁。这样，以廊桥为中心点的大村庄渐渐形成了。集瑞桥为南北走向，最大特色是在桥墩分水尖与桥台之间再附建一便桥，整座桥呈上下两层，俗称“子母桥”。正桥一般为举办桥会和供奉神灵的场所，而下层的便桥靠上游一侧设直棂栏杆，旁边有一条通道供乡民通行，靠下游一侧列长靠椅为栏，农闲时，周围村落的人便三五成群地在此休憩聊天。桥南北两侧各有台阶互不干扰。桥上游两桥孔间又砌有两个拱坝，既满足上游农田灌

图 3-36　集瑞廊桥

溉，又增加桥的整体景观。

正桥长近 30 米，有廊屋 9 间，宽 5 米，为四柱九檩抬梁式木构架，硬山屋面下施有博风板，梁枋都錛为弧形，桥两侧列长靠椅为栏，檐下安设遮雨板并镂空窗，桥面用矩形方砖错缝平铺。桥当心间正脊檩墨书建桥纪年；两金檩记载建桥的工匠及劝缘福首、总理的信息。梁枋上墨书甚为丰富，三架梁上书“南无妙吉祥降”等经文，五架梁上书“集水腾光聊颍水，瑞山耸接环口山”的桥名藏头联。便桥长约 18.5 米，廊屋 4 间，宽约 80 厘米。廊构仅在外侧枋柱上加斜撑组成了木桁架结构，内侧就势固定在正桥上，做成单坡屋面。集瑞桥跨为双孔木简支梁，单跨径 8 米。桥墩用块石砌筑而成；桥墩砌至与两岸道路平直，上游作分水尖，安鸟形吸水兽，也是便桥的高程；继续砌墩至正桥要求的高程。墩帽台口均置一木横梁，上架大木为梁，正桥用 9 根，便桥用 2 根。桥面正桥错缝铺方砖，便桥铺木板。在正桥中央迎水面设佛龛，供奉真武大帝。神龛旁的梁或柱上挂数十支弓箭，长约 20 厘米，这就是当地“寄箭”风俗。据村民介绍，村民的孩子生病或因其他什么原因中了邪，孩子的父母就会用细竹做成弓箭样式，带上香烛、鞭炮，到桥上向桥仙真武祖师祈求保佑，并挂上弓箭。每逢初一、十五，村里许多皈依的老人便会到桥上求神拜佛、点香、烧纸、念经。村民说，平时行人均从便桥上来往，正桥不走人，皈依的人在这里做法事比较清静。每年的三月三，桥上就热闹了，村里村外的信众都会聚集在桥上进行走桥活动，为真武大帝庆生，祈求神灵保佑（图 3–36）。

3. 赤岩虹桥

在堪舆风水说十分盛行的古代，闽北先民通常会在村落的水口之处架设廊桥，他们认为流水会带走村落的吉祥之气，而桥能锁水，使风水变好。赤岩虹桥居于周宁县泗桥乡赤岩村落水口之处，飞架于梅溪两岸，因形似虹而得名。据资料记载，早在清康熙四十一年（1702 年），此地就已有一座木拱廊厝桥。嘉庆年间，由谢联元、吕振茂两位乡贤主持募集对其重新修整。到了光绪戊申年（1908 年），由村民谢春荣独自出资，在原址上将木拱廊厝桥改建为石拱廊桥，即现在的虹桥。虹桥桥长 27 米，宽 5 米，高 30 米，净跨 14.4 米，净空高 10 多米（图 3–37）。虹桥拱圈高大，拱面细密光洁，拱圈条石都是经过打磨加工后再横置砌筑，两端墩台用块石叠砌。桥面中心铺条石，两旁用鹅卵石嵌砌，廊屋为杉木立柱，每排 4 根，计 36 楹，抬梁构架，呈 9 开间，中间设佛龛，供奉观音菩萨，内设板凳供人休息。柱间饰楹联，天棚饰藻井 5 个，彩绘“三国演义”“包公判案”以及岳飞、陶渊明、孟浩然等故事图案，构图精美。廊顶为重檐歇山顶，中部架建起三亭组合的木构楼亭，斗拱重叠，飞檐翘角，构制精美。在楼亭顶层两侧分别悬挂“岁岁平安”“自

图 3–37　赤岩虹桥

图 3–38　虹桥桥屋匾额

求多福”的巨匾（图 3–38），其中“岁岁平安”这四个字为慈禧太后御笔题写，在匾额下方刻有“赤岩虹桥”四个大字，在桥两侧檐枋下附有蓑板，可以遮阳挡雨，在蓑板上雕饰有形状各异的窗花，有宝瓶形、扇形、圆形、葫芦形等，这些窗花使得原本相对封闭的空间突然变得空灵起来，透过这些形状各异的窗花，让人的视野向外拓展延伸，给人以新异的视觉感受。在桥旁立有两方“赤岩虹桥石碑”，清楚地记录着虹桥的历史（图 3–39）。赤岩虹桥有着独特的造型结构，精美的彩绘雕饰，无论从建筑学角度还是从美学角度都具有鲜明的地方特色。

4. 迪口值庆桥

值庆桥坐落在迪口镇占村的黄村自然村，建于明弘治三年（1490 年），距今五百多年。比我国迄今发现的有确记年代、时间最早的木拱廊桥——重建于明天启五年（1625 年）的浙江庆元如龙桥（国家级文物保护单位）还早 135 年。无疑是目前我国可考年代最早的木伸臂廊桥之一，具有很高的文物、历史和艺术价值。1954 年曾有过一次修缮。

璜溪自东向西流经黄村，值庆桥就横跨在璜溪之上，为南北走向，全长 25.5 米，有桥屋 7 间；四柱九檩，桥宽 4.2 米；抬梁屋架，当心间高约 5 米，其他约 4.2 米；

图 3–39　赤岩虹桥石碑

图 3–40　值庆桥内藻井（图片来源网络）

悬山屋面，当心间和两次间屋面升起呈重檐悬山状，皮条脊；柱头处做重丁斗拱，梁架最上一层的月梁做得很精美，尤其当心间顶设的矩形藻井，斗拱层层叠叠，不用一颗钉子，完全是卯榫穿插而成，三级云斗，遍施丹青绿彩绘，令人震撼。藻井内纪年梁上记载“大明弘治叁年岁次庚戌月建”，其藻井装饰简洁、斗拱粗壮有力，富有美感(图 3–40)。此桥当心间及两尽间设神龛，分别供奉观音、真武祖师、华光天王和乞丐佛。两端神龛下置橱存放先人骨殖陶罐。檐枋下设蓑板，均有遮雨板保护木结构，两侧置直棂栏杆并设长凳。

值庆桥为单孔木伸臂廊桥，桥净跨径 8.8 米。桥台为毛石干砌而成，高 2.5 米。台上有二层纵向木排，每排有圆杉木 7 根，对称向两侧叠涩出挑。桥面木排由 13 根长约 14 米的圆木并排组成。桥面铺装 7 厘米厚木板。由于年久失修，现廊屋部分已有些许向上游倾斜，廊柱和部分斗拱有一定受损。值庆桥集精湛的营造技艺和丰富的文化底蕴于一身，融建筑学、美学、地理学、民俗学于一体。

5. 吉阳步月桥

步月桥位于建瓯市吉阳镇玉溪村，始建于明正德元年（1506 年），清乾隆年间和道光三年（1823 年）各有一次修建，清光绪十九年（1893 年）又重修。1999 年，玉溪妇女耕山队队长葛兰妹组织进行了修建。此桥呈东西走向，全长 127.8 米，有桥屋 42 间；四柱七檩，宽 5.1 米；抬梁屋架高 3.5 米。原桥屋面西为硬山，东为悬山，当心间屋架升起作单檐歇山；现两端均改为单檐歇山顶。桥内两侧设栏杆座靠、蓑板。桥右岸下游侧第二间打开。桥左岸一边建有端墙式桥门，猫背式金形山墙，青砖磨缝砌就，门卷两边嵌有一对阴刻楷体、饰朱底金桥联："地对屏峰浮瑞气，桥连夜埂发祥光。"步月桥是三孔木伸臂廊桥，也是闽北木伸臂梁结构廊桥中跨径最大的一座。跨玉溪的两孔净跨分别为 12.9 米、14.1 米，一旱孔净跨则达 16.9 米。路堤两侧为块石、卵石墙，中为夯实黄土。桥梁墩台基础是松圆木筏形基础，右岸沿河有若干松木桩以抗冲刷。二桥台均为条块石砌筑。墩为矩形，亦由条块石砌就。上游设分水尖，分水尖优美地向上收分，在墩顶安设一鸟形吸水兽。桥跨的伸臂木梁结构，由圆杉木三层在墩、台顶叠涩出挑，悬臂约 3 米；每层圆木有 16~23 根。两悬臂之间由 15 根尾径 50 厘米、长 10 米左右的长大杉圆木架设为梁（图 3-41）。1998 年"6 · 22"洪灾使步月桥重创。1999 年，在重新修建时对两桥门作了大的改造；当心间设神龛供观音，两侧稍间分设"桃园三结义"神龛和真武大帝神龛；桥面以水泥铺设，两侧栏杆列凳，全桥粉饰一新。修复时尽力保护木伸臂结构的遗存，并在其中嵌入四榀钢格构架以承担桥跨荷载。

至今，在步月桥上还有一种奇异的习俗，每年农历八月十五中秋节，步月桥上都会举行一种"摘不完的灯笼"的民俗活动。每家每户的村民都到桥上挂灯笼，人们也都会到桥上观灯、赏月、抢灯笼。若在佛的面前许了愿后，就可拿一盏回家。来年生男孩的，就来此还白灯笼；生女孩的就还红灯笼。还灯时，有的还 6 盏，有的还 10 盏。这就使步月桥灯笼满布、璀璨熠熠，步月桥灯会已成为当地颇有影响的一种民俗活动。乡亲们通过这样的习俗活动互相传递祝福，增加感情（图 3-42）。可惜 2019 年 1 月 31 日，吉阳玉溪步月桥被大火烧毁，重建步月廊桥成了许多人的共同愿望。2019 年 7 月，吉阳镇和玉溪村开始启动步月桥筹建工作，发动社会各界人士为步月桥筹建工作献计献策，为工程建设捐款捐物，历时一年半，终于在 2020 年国庆节前使步月桥重获新生。如今步月桥气势恢宏，造型古朴，线条粗犷，结构严谨。整座大桥找不到金属材质的一钉一铆，所有材料都是用本

图 3–41　吉阳步月桥

图 3–42　当地摘灯笼民俗（图片来源网络）

图 3–43　重新修建中的步月桥（图片来源网络）

地上乘的杉木制成，上下纵横交错的木构件都凿榫无误地紧密衔接吻合，并用由当地生长的老竹制作而成的竹钉加以固定，体现出工匠精湛的筑桥工艺（图3–43）。步月桥重新焕发生机，建瓯人又能重拾当年的“廊桥遗梦”。

6. 陈源叶氏廊屋桥

叶氏花厅廊桥位于浦城水北街镇陈源村下处潭4号院内，浦城商人叶琳生于清道光二十八年（1848年）建造，是叶宅内园林建筑的重要组成部分。这座位于古民居叶氏花厅天井中的私家廊桥，跨水而立，两墩三孔砖拱，观赏性与实用性完美统一。廊桥呈南北走向，长6米，桥面净宽0.85米。拱券用方砖筑砌，跨径1.7米，高约1.3米，宽度1.5米；墩用卵石砌成。廊屋高约3.5米，西面镂空钱纹花墙，顶部灰塑4组斗拱；东面临水的是步步锦木格栏杆；屋面为单坡面，桥面铺方形青砖。桥南端设5级台阶，约1.5米引道；北端设3级台阶，约1.2米引道。叶琳生在营建宅院时不是简单地采用墙体来分割东西两院，而是采用廊桥将其分开，形成隔而不离的空间布局，有着很强的实用性和观赏性。叶氏花厅廊桥布局构思巧妙，制作精细，装饰华丽，是闽北甚至全省都难得一见的在私宅内所建的廊桥，具有重要的历史、艺术和科学研究价值（图3–44）。2009年10月，廊桥与叶氏花厅一并被列为县级文物保护单位。

图3–44　陈源叶氏廊屋桥（图片来源网络）

七、社仓

社仓是旧时中国各地储粮备荒的一种社会习俗，属民办粮仓的一种。始隋代。其管理、发放等体制历代不一。《隋书·食货志》记载："十六年正月，又诏秦叠……银扶等州社仓，并于当县安置。二月，又诏社仓，准上中下三等税，上户不过一石，中户不过七斗，下户不过四斗。"《旧唐书·食货下》记载："武德元年九月四日，置社仓。"《宋史·食货上六》记载："时陆九渊在敕令局，见之叹曰：'社仓几年矣，有司不复举行，所以远方无知者。'"

社仓不是粮仓，而是一种储粮制度，是朱熹创造性改革的一种赈灾济民的制度。孝宗乾道四年（1168 年），建宁府（今建瓯）大闹饥荒，当时朱熹在崇安（今武夷山）与同乡绅刘如愚向知府借 600 石粮食赈贷给当地灾民。贷出的粮食等秋天收成后归还，同时多上缴 20% 作为利息，若遇到年景不好则利息减半，若遇到大灾之年则利息全免，同时计划待息米达到本米 10 倍时就不再收取利息，这样每石米只损耗 3 升，按此操作经过 13 年，到淳熙八年（1181 年），不仅还清 600 石的借贷本粮，还积累社仓米 3100 石，朱熹即以《社仓事目》上奏孝宗皇帝，孝宗御批"颁其法于四方"，使得社仓得以在全国推广，后世仓储行业奉朱熹为"紫阳仓祖"。

后来各朝代都在此基础上不断完善，明代叶盛《水东日记·黄东发社仓记》记载："乡有李令君，捐粟六百石为倡，将成社仓。"清代刘大櫆《知上犹县方君传》记载："建社仓以备荒年，创书院以兴文教。"

1. 五夫社仓

五夫社仓，又名"朱子社仓"，坐落于五夫兴贤古街凤凰巷内。南宋孝宗乾道四年（1168 年）崇安发生水灾，次年春夏之交城乡饥荒严重，当时朱熹辞去枢密院编修职，奉母闲居崇安五夫里，他力劝富户发放存粟低价赈济饥民，并呈请官府将常平仓谷 600 斛（每斛约 75 千克）赈济给饥民度荒。翌年，百姓以粟偿还官时，得到建宁知府王淮的批准，把粟留存乡里，同时造册上报建宁府备案。但因分贮民家不便，朱熹便创建社仓储存，作为备粮救灾之用。不久，建宁府拨钱 6 万购地建仓，乾道七年（1171 年），五夫社仓建成，秋冬收储，春夏赈放，百姓受惠甚多，邑人为了纪念先贤朱熹这个惠民善举，遂改称为朱子社仓。五夫社仓竣工后，朱熹曾亲撰《建宁府崇安县五夫社仓记》，追溯并记述创建社仓始末。

图 3-45　五夫社仓门头

图 3-46　官仓井

五夫社仓初建时，规模为“仓三亭一，门墙宇舍无一不备”，由于其影响极大，得到历代官员的保护并重修不辍，至今仍保存完好。现存社仓，修建于光绪十五年（1889 年），由朱熹裔孙乡绅朱敬熙主其事，整个建筑为土木结构，面宽 3 间，进深 25 米，面积 1500 多平方米。社仓大门砖雕匾额上刻有“五夫社仓”四个楷体大字，字迹清晰，笔力苍劲雄浑，上款为“光绪己丑仲夏吉立”，下款为“花翎郎中朱敬熙建”（图 3-45）。在社仓大门旁边有口古井，名曰“官仓井”，这是当年朱熹出于社仓防火安全考虑而特地挖掘的。井为方形大口，井栏较低，水位较高，以便于救火时方便取水，平时水井可以为附近乡民和社仓管理人员提供水源，这种空间处理具有很强的科学性和实际意义（图 3-46）。门内院落四周放置一些石板，专供挑粮者歇息之用。院落中有一道仓门，入仓门即为粮仓，左右两边并列仓廒，可存放六七十万斤粮食，仓廒两侧有宽敞通道，便于农民运送粮谷时过秤记账，仓廒后专门设有仓管人员宿舍。社仓里的仓廒现仍为五夫镇粮站存

图 3-47　五夫社仓内庭

粮之用（图 3-47）。

朱熹在五夫开办社仓，建立了我国最早实物形式社会保障的公共空间，打破了当时朝廷只在州县级以上地区设置官仓的制度，可谓一大壮举。在其带动下，建阳、光泽、建宁、瓯宁、顺昌等闽北各县相继建立社仓。不久，闽北境内建社仓百余所，社仓之举可谓盛极一时。后来，社仓又不断向外推广。淳熙二年（1175 年），浙东大儒吕祖谦之父自婺州（今浙江金华市）来访朱熹，住在五夫里屏山，亲眼看见社仓之惠政，返浙即着手筹划婺州社仓。接着，又有江苏常州宜兴社仓、江西建昌军南城吴氏社仓等出现。在他制定的《社仓事目》里规定百姓在每年春夏青黄不接之时可向社仓借粮，秋冬收获后再偿还，这样乡民得到赈济，还可免受高利贷残酷剥削，克服了官仓之弊端，同时也使仓米年年得到更新。到南宋淳熙八年（1181 年），在朱熹力荐下，孝宗皇帝下旨要求全国州、府都要效仿五夫修建社仓，并以法律的形式昭告天下，《社仓法》由此诞生了。五夫社仓是朱熹一项惠民善举的典范，它充分体现了朱熹的民本思想，有着很高的历史文化价值，被誉为“先儒经济盛迹”。

2. 旧市义仓

在邵武市和平镇东门坐落着一座和平镇的地方性的公共义仓。和平镇亦称“旧市街”，故名“旧市义仓”，是邵武市遗存唯一的一座义仓建筑。现存旧市义仓位于古镇东北隅，为清光绪十三年（1887 年）建筑，建筑面积为 189 平方米，整体建筑为三开间两进两天井。旧市义仓由廖氏家族的少岐、少山兄弟秉承其父遗愿，与东门李氏家族首倡并捐巨资以及租谷、田地等而建的。旧市义仓坐西朝东，斗砖封火墙四合院式，大门门额阴刻“旧市义仓”四个隶书大字。其内为一厅两天井，三开间，设仓房四大间，可储谷千余石。前天井北侧墙上嵌砌两方黑砚石碑记，其一长 115 厘米，宽 50 厘米，内容为：“今将始创义仓各户乐捐银钱、田租谷石芳名列左：廖岐山捐洋银壹仟两正；李熙雯捐皮骨田租壹佰四十石正；……”另一长 146 厘米，宽 56 厘米，内容为：“李熙雯捐皮骨田段列后……陈元恺捐皮骨田段列后……谢榕捐皮骨田段列后……今将断买皮骨田段列后……”义仓内条规详明。旧市义仓古时在灾荒之年赈济灾民与平时救助孤寡贫病方面发挥了很大作用。

第四章　闽北古村落传统建筑装饰特色

第一节　闽北古村落传统建筑装饰空间及内涵

建筑装饰是建筑不可或缺的重要部分。它是人们根据特定的材料，在满足建筑功能的前提下，运用艺术表现手法对建筑物的内外表面及空间进行美化的一种手段，旨在满足人们赏心乐事的精神追求。

自古以来，建筑的材料和建筑装饰风格决定了建筑的风格，建筑的装饰有风格，建筑就有风格。村落建筑装饰图形是房主和工匠的理想信念及人身信条。我们可以从建筑装饰中的图形样式和工艺技巧解读出那个时代的当地文化特色、民俗风情及艺术形态。沃林格在《抽象与移情》一书中说道："装饰艺术的本质特征在于一个民族的艺术意志在装饰艺术中得到了最纯真的表现。"

闽北古村落建筑装饰主要有木雕、砖雕、石雕，这三雕被誉为中国建筑装饰中的"三绝"，是闽北民居建筑不可缺少的装饰物。此外，还有一些如灰塑、彩绘等其他形式的装饰，它们一同构建起闽北古建筑装饰华丽的艺术形态，为后人留下深厚的文化思想和精神财富。

闽北古村落遗存有大量的古街巷和古建筑，如城堡、宝塔、宗祠、庙宇、牌坊、廊桥以及大量的古街巷和古民居，既具有地方特色，又带有中原风韵，反映出中国不同历史时期不同地域社会政治、经济、文化意识传承延续的痕迹。古村落中各个不同建筑的结构布局，不同的构件外形，不同的工艺技法和装饰特色，都强烈地折射出其时代特征、地域差异和民族属性，是前人留下的不可再生的历史文化景观。闽北古村落的艺术价值最主要的是体现在建筑上，从整体结构布局、屋面或围墙的外形到梁柱、雀替、斗拱的精巧组合，无不展现匀称多姿的艺术造型。砖雕、木雕更是精美绝伦，令人叹为观止，多处祠堂、大夫第的门楼以砖雕装饰，或平雕或浮雕或镂空雕，或写实或写意，或细腻或精致，或粗犷或豪放，技艺手法巧夺天工，有的早已失传，如有损坏恐怕现今连仿照都十分困难。祠堂和民居建筑中木雕更是比比皆是，梁架、斗拱、花窗、雀替、门杈是木雕装饰的重要部位，或人物故事，或飞禽走兽，或花草竹树，无不生动传神，栩栩如生；刀法流畅而洗练，内涵丰富而深刻，有很高的历史文化艺术价值。闽北古建筑装饰既有实用功能，又具有艺术美的效应，既是物质产品，又是艺术创作，融科学技术、艺术技艺和历史人文于一体，是前人遗留下的弥足珍贵的瑰宝。

第二节　闽北古民居装饰“三雕”

在闽北古村落建筑装饰中最能体现先民精神文化内涵的，当属珍存下来的“三雕”艺术。无论是气韵灵活的砖雕，还是丰润柔美的木雕，或是浑厚洒脱的石雕，它们都以丰富多彩的艺术形式、精湛完美的表现手法、博大精深的文化内涵，呈现出传统民间艺术独特的风格和韵味，堪称闽北建筑艺术中的奇葩。

一、砖雕

砖雕是中国古代用于装饰建筑、美化环境的常用装饰手段之一，通常用在门楼、墙檐、门罩、檐口、花窗、屋顶、影壁、窗棂等部位的装饰上。制作砖雕的砖在原料和工艺上都有很高要求，首先要精选适合的泥土，并将泥土中的沙砾和杂质淘洗干净，再做成软硬适度便于雕刻的砖坯。砖坯土质不同，砖色也不同。有青砖和红砖两种，以青砖为佳。雕刻前要将青砖放在水中的光滑石头上细磨成平整如镜的水磨砖后方可进行雕刻。武夷山下梅村古民居砖雕用的青砖都是精挑细选出来的，质地坚硬，色泽清亮，规格统一，从材料上保障了下梅砖雕成为精美绝伦、质量上乘的砖雕精品。独具匠心的匠师还会灵活运用，不断创新中国传统的雕塑工艺，形成平雕、浮雕、圆雕、透雕、贴雕等独特的工艺手法。在工艺流程上，砖雕的创作在技术上要求极高，创作一块砖雕要经过好几道工序，主要包括画、耕、钉窟窿、凿、齐口、捅道、开相、磨、粘接、榫接、上药、打点、贴金等。其中钉窟窿、凿、齐口三道工序统称为“打坯”，实际就是打造型，把

图 4–1　精美的邹氏家祠砖雕门楼

画面的基本轮廓和深度打造准确，俗称“镰”。捅道、开相两道工序统称为“出细”或“修光”，是整个砖雕造型工艺的一种延伸。

闽北民居的砖雕花饰富有写意性，构图饱满，古朴大方。在雕刻刀法上，自然随性，不计小节，也不做过多的修饰，毫无做作之感。这是闽北民居砖雕的一个重要特点。其题材和雕刻技法与徽派砖雕一脉相承，都是以典雅绮丽、精巧细腻的风格见长。内容多以花鸟、花草、山水、人物为题材。寓意多以求福、求寿、求财、求子、求平安、求科举、求俸禄、求进取、求吉祥、求好运为主。

至今，在武夷山下梅村古民居中仍保存着 500 多幅精美砖雕，其选材严谨、工艺精湛、构图饱满、内容丰富、寓意深远，虽然历经数百年的风雨洗礼，却依然精彩辉煌。著名的建筑学教授辛克靖来到下梅考察，也不由赞叹：“这里砖雕工艺的水平胜过西递，是不可多得的古建筑文化精品。”

古人言：“宅以门户为冠带。”门楼是宅院主人身份与财富的象征。下梅村最精彩的砖雕主要集中在门楼上。邹氏家祠是下梅村最有代表性的建筑，是由当年下梅富商邹氏四兄弟合资建造的。该祠临溪而立，门楼为幔亭式，九山跌落，阶梯式布局，十分壮观（图 4–1）。门楼壁面全部用砖雕装饰，题材有人物、花卉、器物、祥禽瑞兽、书法等，富有生活气息；图案中人物造型刻画精准逼真，祥禽瑞兽塑造栩栩如生，花卉器物描绘精细自然；两侧横披以篆体刻有“木本”“水源”四个大字，笔法苍劲、气韵飞动。门楼上的砖雕多达四十余组，运用浅浮雕、深浮雕、半圆雕、线刻、减地与镂空等多种雕刻技法，砖雕作品的尺寸不尽相同，并以不同的构图进行交错布局，整个门楼融人物、花鸟、山水、书法于一体，在光线照射下形成鲜明的层次，给人强烈的艺术美感，展示出丰厚的文化内涵，虽然历经两百多年的风风雨雨，却掩盖不住其精巧细致的雕刻艺术魅力和当年富贵豪华的气派。

下梅村砖雕中的艺术精品当推邹氏大夫第。大夫第的门楼面壁全部用砖雕装饰，题材丰富，形象逼真，富有生活气息，手法以浮雕和透雕相结合，层次分明，构图得体。仔细看门当上的图案，会看到门当的侧面刻着一尾鲤鱼，寓意“富贵有余”；另外一面刻着一只昂首曲鼻的大象驮着一方印玺，寓意“出将入相”。还有以戟、如意棒、磬、花瓶、笙等组成的寓意“吉庆平安”“平升三级”砖雕作品（图 4-2）。这些装饰精美艳丽，充满生活气息，整个屋宇门面被装点得富丽堂皇，高贵典雅，较徽派建筑粉墙黛瓦，轮廓清晰，古雅简洁的外观更显得繁复精细，绚丽多彩。闽北传统民居的公共空间，如天井、厅堂的地面装饰大都以砖进行铺筑，有的用方砖拼接出菱形、六角形、套六角、套八角，或用线雕的几何纹样，通过连续的纹样形成节奏感和神韵，产生美学效应。邵武和平古镇的黄氏大夫第系当时直大夫、直隶州五品知州黄映璧宅第，建于清嘉庆末年，从雍正到嘉庆这段时间，其祖孙三代均诰封为大夫，有“一门三大夫”之美誉。大夫第占地2000 多平方米，共三座合院，

图 4-2 “吉庆平安”砖雕

图 4-3　“捏塑”和“粘贴”融合的砖雕表现手法

街东两座并列相连，主合院设有砖石构四柱三间牌坊式八字门楼，外墙布满砖雕装饰，内容丰富多彩。简洁疏朗的图案，内涵深刻的画面，将门楼装饰得高雅富贵，熠熠生辉。黄映壁长年在北方为官，自然而然地受到当地文化的影响，对北方建筑装饰有某种认同感，并将北方的建筑装饰风格沿用到家乡府邸的建造上，如“松鹤延年”、“富贵长留”（牡丹柳枝）、“竹报平安”、“锦绣美满”（锦鸡梅花图）四幅砖雕，作品呈正方形，宽幅为 1.1 米，采用“六拼”法拼接而成，作品具有北方砖雕饱满壮硕的风格，浑厚朴茂的刀法将松树、梅花、竹子和牡丹老枝表现得栩栩如生。“松鹤延年”这幅作品，松皮表现技法极其独特，它将事先捏塑好的松皮造型入窑烧制，再用特制的黏合剂粘贴到树干上，松皮的自然、苍老质感显现无遗，这种技法弥补了雕刻难以表现出的艺术效果（图 4-3），使得整幅作品既写实亦写意，意境含蓄深远。这种将“捏塑”和“粘贴”融合的表现手法在闽北砖雕作品中极为少见。整组作品采用多种雕刻技法，画面粗犷而雄浑，风格独特。作品大量使用谐音、隐喻、象征等手法祈福吉祥，表达美好愿望和追求。佛、道、儒诸家的思想哲理、伦理观念也得以多方面体现，堪称闽北砖

图 4-4　楠木厅砖雕门楼头

图 4-5　“三峰拱秀”砖雕照壁

雕的上乘之作。

在建阳书坊最典型的古建筑当属“楠木厅”，之所以称为楠木厅，是因为整栋建筑全是用珍贵的楠木建造而成。楠木厅富丽典雅，墙壁、门、窗、柱子、横梁处处雕龙刻凤、精美绝伦。楠木厅的砖雕也十分精致和出彩，屋子正门的门楣上有石匾，上面刻有“妫汭传芳”四个隶书大字，“妫汭”是古水名，在今山西永济一带。房主人介绍说，他们的祖先姓氏为“陈”，居于山西妫水一带，后迁徙到闽北建阳秀美的山水之间，并在书坊定居下来，所以门楣上就用了“妫汭传芳”四字。“传芳”寄托了陈氏家族的道统和希望（图 4–4）。正大门相对的封火墙照壁上是一个大的“福”字，据说原来这个“福”字是以琉璃为材料，用阳刻的雕刻技艺制作出来，作品精美大气，“文革”时惨遭破坏。“福”字上有“三峰拱秀”四个砖雕大字，站在此处望，不远处有三座山峰，不高但秀气，景致绝佳（图 4–5）。两侧为砖雕行书对联，“幽溪鹿过苔还静，深树云来鸟不知”，足见当时环境的清幽。

楠木厅也是展示朱子文化的一块圣地，在院落的前厅与后厅的天井照壁上有朱熹的书法手迹“得清如许”，字体苍劲灵动，采用阳雕手法。“得清如许”四字还有一个有趣的来历。陈氏家族祖上就是书坊一带颇有名气的书香门第，为了让后人能汲取朱熹的教诲，特意把朱熹诗句“问渠那得清如许”中的“问渠那”三字隐去，留下“得清如许”四个字，以表达尊崇宋明理学的想法。在前厅与后厅的照壁上有一砖雕对联，上联为“鸢飞月窟地”，下联为“鱼跃海中天”，横批为“居之安”，联上还刻有朱熹的姓名和印章。对联字体用笔雄强凝重，力屈千钧，结体古朴高雅，意态纵横，工匠用高超的刻绘技艺将朱熹的榜书沉着典雅的艺术特征完美呈现出来。在对联上方镶嵌一幅由 5 块青砖拼接在一起的通景式砖雕作品，作品采用中国画长卷的散点透视进行构图，中间为两位蓄须的阁老端坐在殿堂之上，两边各有一位手握书卷的官人，大大的钱纹镶嵌在殿堂的屋檐上。在殿堂两侧以城墙和房屋建筑造型为构图依据。由于前排的空间较大，人物大多被刻绘为官人的形象，在人物之间穿插树木、马匹、官轿等，使得画面形成节奏性布局，后排刻绘有城墙，城墙上有两层的建筑，在建筑的窗户里刻有一些人物的头像，由于空间有限，后排的人物主要以刻绘头部为主，且造型小，头饰也较为简单，这与前排人物形成虚实对比，作品中两边大多数人物都面朝中间，视觉上的聚合加之气氛渲染，形成了一派欣欣向荣的景象。整个画面构图饱满，物象

图 4-6　“居之安”内庭砖雕照壁

造型舒展，疏密有致。通过对这幅砖雕绘画图式的解读，我们可以看出这种表现手法与建安版画中的图形处理方式极为相似（图 4-6）。

二、木雕

闽北地处亚热带地区，林木资源丰富，盛产樟木、梓木、松木、杉木、柏木、白果等，这些木材纹理清晰、质地优美、材质柔软、易于雕刻，所以闽北古村落的木雕多就地取材。古民居木雕常用于厅柱、门楣、屋椽、外檐、廊下梁架、垂花、支摘窗、窗户、隔扇、雀替、斗拱、勾心等建筑构件装饰上，还有床屏案几、妆台镜架等各式家具也大都采用木雕工艺完成。木雕工匠借鉴绘画与装饰的构图技法，巧妙地运用点、线、面相结合的构成手法来突出主题，使图案简约、构图完整、不失精美，手法成熟老到，而作品又富有灵气，较好地展示出闽北人勤劳、淳朴的美德。木雕题材丰富多彩，多以吉祥福禄寿禧财的图案为主。各类历史故事、民俗风情、休闲娱乐、文化现象屡见不鲜，内容包罗万象，具体的图案有人物、动物、植物、器皿、山水、云头、回纹、八宝博古等。闽北古民居木雕不仅内容丰富，而且样式多变、风格大方、制作精良，从中可以看出当时工匠的工艺水平已相当纯熟精湛，雕刻工具也相当齐全优良。

春秋战国时期，在《周礼·考工记》中就有关于传统木雕的记载，其后北宋李诫在他的《营造法式》中将木雕分为线雕、剔雕、隐雕、透雕、混雕五种雕刻技法。线雕是“就地随刃雕压出花纹者”的一种线刻技法，类似于绘画中白描的效果，清雅而疏朗，可与彩绘合用。浮雕在宋代被称为剔雕或隐雕，其强调起伏感和层次感，通过雕、刻、凿、铲形成凹凸纹样的立体形态画面。透雕亦称镂空雕，是保留凹凸的物象部分，而将纹饰图案以外的部分剔除，塑造出空间穿透的效果，这种手法雕刻出的物象更具通透性和空间多变性，玲珑剔透。混雕就是将线雕、剔雕、隐雕、透雕几种雕刻技法进行综合运用。闽北古建筑木雕以浮雕为主，窗棂、床榻、隔扇、梁架上的木雕不论多么精致，均不施以髹漆而保留原木质纹理的质地之美和天然之风韵，俗称“清水雕”。道家认为“五色令人目盲，五音令人耳聋”“朴素而天下莫能与之争美”，从中我们可以看到老子和庄子的道家美学观点对闽北古建筑装饰的重大影响。武夷山千载儒释道，三教同山，和平共处，延绵不绝，道教亦流传甚广，在木雕作品中处处体现这种质朴之美。

图 4–7　隔扇窗上的木雕卡子画

随着雕刻技法愈加熟练精湛，工匠发明创造的木雕工具也愈来愈多。木雕工具从用途和形状来分有雕刀、平凿、三角凿、反口凿、正口凿、圆凿、锼弓子、翘、溜沟以及敲手等数十种。传统建筑木雕工艺的流程十分严格，第一是选材。这是很关键的一步，因其受制于建筑结构，又决定后期雕刻的风格与形式，所以由经验丰富的艺人取材选料。选好木料后，要进行脱水、放样、打轮廓线，之后再进行脱地、分层次、分块面等处理，然后进行粗坯雕、细坯雕、打磨、细部雕刻、修光等深加工，有的雕刻完成后还要上色、上漆，整个过程工序达十多道之多。

闽北民居的木雕装饰风格大气，气象万千，自然脱俗，刀法粗放，刻绘写意灵活多变。雕饰得多姿多彩、技艺精湛、内涵深刻，充分展现出民间某一群体文化心态。闽北木雕装饰题材丰富多彩，局部题材各异，雀替、穿枋、月梁木雕装饰多以花纹、卷草纹及祥禽瑞兽为主，窗扇木雕多以琴棋书画、渔樵耕读、福禄寿喜等装饰；双门窗中的窗棂木雕和隔扇窗常镶嵌卡子画。卡子画其实都是小巧玲珑、精致典雅的木雕，构思巧妙，含蓄耐用（图 4–7）。闽北古建筑木雕展示出工匠的聪明才智，体现屋主人的文化艺术修养，浸润道、佛、儒哲理，散发出浓重的中华文化精神韵味。

闽北古民居建筑以木结构为主，在建筑装饰中，木雕是利用木材质感进行雕刻加工的丰富建筑形象的一种雕饰门类。建筑木雕的形式分为大木雕刻和小木雕刻两大类，大木雕刻主要是指对梁、枋、檩、柱、斗拱等建筑构件进行装饰雕刻，由于这些构件位于高处，所以采用较为粗犷的雕刻手法，注重整体大效果；而小木雕刻则是指镶嵌在门、窗、雀替、家具等上的装饰雕刻，这些构件较亲近于人，所以采用细腻的雕刻手法，作品呈现精致的视觉效果。小木雕的题材扩展到吉祥花草、瑞兽和人物纹等，构图饱满，形成整套的主题画面，表意丰富。无论是大木雕刻还是小木雕刻，它们在闽北建筑装饰上都被广泛使用。工匠会根据不同部位的形制和功能选用较合适的雕刻内容和方法。雕刻前，匠师会考虑木材纹路走向和雕刻图案之间的关系，有经验的匠师往往能较好地把握木纹，将木纹走向和雕刻形态结合起来，使得纹样显现出灵活多变的流动感，富有韵味，塑造出来的形态和纹样能为人们所感知，能让人赏心悦目，给欣赏者美好的想象（图 4–8）。

图 4–8　精美木雕门

《二十四孝图》反映的是中华民族敬老养亲的传统美德。其中包括孝感动天、亲尝汤药、啮指心痛、单衣顺母、负米养亲、鹿乳奉亲、戏彩娱亲、卖身葬父、为母埋儿、涌泉跃鲤、拾桑供母、刻木事亲、怀橘遗亲、行佣供母、扇枕温衾、闻雷泣墓、恣蚊饱血、卧冰求鲤、扼虎救父、哭竹生笋、尝粪忧心、乳姑不怠、弃官寻母、涤亲溺器。传统的《二十四孝图》题材常常被用于木雕作品之中。在武夷山下梅邹家祠堂有一组以“二十四孝”传统故事为主题的大型雕花木门，雕刻手法以浮雕和透雕相结合，画中人物形象生动、比例准确、栩栩如生。在周围配有“渔樵耕读”“福禄寿喜”“四季平安”“棋琴书画”等吉祥图案，整幅作品意蕴浑厚，富有装饰趣味。

图 4–9　“冲战沙场”木雕

图 4–10　“衣锦还乡”木雕

在大夫第“小樊川”阁的格扇窗、双门窗上，镶嵌着许多卡子画，这些工艺精湛、小巧玲珑的木雕卡子画，构思奇巧、笔画含蓄，与通透的花窗形成鲜明的对比，营造出动静结合、虚实相生、断续相连的视觉效果。与其他宅邸不同，大夫第厅堂里的柱础都是选用木质坚硬、不易腐烂的楠木或苦楝木为原材料制作而成的，柱础呈八角鼓状，每个面都刻有精美的吉祥图案，这种木柱础在潮湿的南方着实罕见。大夫第正厅两侧的窗户上保存着许多木雕作品。其中以“冲战沙场”“衣锦还乡”最为精彩。“冲战沙场”表现的是五位跨骑骏马、手握兵器的将军在战场上冲锋陷阵、奋勇杀敌的场景，人物刻画得栩栩如生，战斗的场面表现得动感十足（图 4–9）。“衣锦还乡”描述的是官人荣誉归来的场面，这边是官人接受乡亲的道贺，那边是父母高兴地出门迎客，整个画面洋溢着喜庆气氛。通过这两幅图案，期望后代文武兼备、自强不息、报效国家、建功立业（图 4–10）。

在建瓯市伍石古民居中有多处藻井和天花吊顶用大量的木雕工艺进行装饰。藻井与天花吊顶位于屋顶梁架下方，起到装饰室内顶部空间的作用。在山庄院落里有多个精美的八角形藻井和方形天花吊顶，在闽北古民居建筑中实属罕见。这些藻井和天花吊顶主要分布在大门与厅堂的连廊处，藻井采用层收式，天花吊顶则为平铺式。山庄 2 号院落大门到厅堂连廊处有一方八角形覆斗藻井，整体呈发散式构图，藻井顶棚以避火龙珠为顶，外圈为带有如意纹的木制圆环，其周围镶嵌着呈发散状舒缓飘逸的木雕水仙花，工匠将水仙柔美的花茎、盛开的花朵刻画得疏密有致、夸张浪漫、充满生机，体现出植物旺盛的生命力。藻井的四周镶嵌着八组带有“寿”字图案的木雕花片和绘有折枝花鸟图案的漆板，底部用莲瓣纹的木雕花片压边收口，整个藻井装饰采用点、线、面的构成与穿插，把自然物象与传统吉祥纹饰组合，创造出虚实相生、层次分明的装饰效果，极富韵律节奏之美。藻井在古代的含义与象征都和消防有关。水仙属于水生植物，有消除火灾的心理隐喻，山庄主人借其以压服火魔作祟，希望通过这些建筑装饰祈求山庄永保平安幸福。清香优美的水仙自古就是文人墨士最喜欢的花卉植物，而且因为其名字中带有“仙”字，故甚为吉利，体现主人对雅趣和祥瑞的审美追求（图 4–11）。

山庄的天花吊顶为平铺式对称构图，有的采用木制线条拼接成各种“团寿”“冰裂纹”，有的以复杂木雕图案进行组合装饰。在 2 号院厅堂四方吊顶中央悬挂的一朵盛开牡丹花木雕，花瓣从里往外分为四层，里面两层花瓣往内聚拢，第三层花瓣向里包围，外围花瓣向四周绽放，周围镶嵌着用木头雕刻而成的层层叠叠、

图 4–11　精美的藻井和天花吊顶

起伏变化的繁茂枝叶，充分展现出枝叶的空间关系，其左右两边分别镶嵌有圆形吉祥文字纹样、道家“暗八仙”图案，其中花瓣和“暗八仙”木雕局部用金箔贴饰，历经百余年依然色泽纯正，四周镶嵌蝙蝠纹样的木雕寓意“四面来福”，天花装饰凸显山庄主人对家族繁荣富贵的期望。

图 4–12　竹纹木雕撑栱

山庄 3 号院房屋梁柱上的撑拱是以竹子为原型进行创意设计的，匠人依照美学法则，以丰富的想象力和创造力将苍老粗糙的竹根、弯曲厚实的竹竿、自由灵动的竹梢、清秀挺拔的竹叶进行高度归纳、提炼和组合，以精湛的圆雕技艺将其表现出来，使撑拱造型变得丰富而巧妙，具有独特的审美趣味性（图 4–12）。此外，在院落厅堂两间厢房隔扇门的木雕花芯也采用竹子纹样进行设计制作，花芯内框为粗竹造型，外框则被雕刻为两根并排细竹造型，在视觉上形成鲜明的对比，内外框架组成“回”字形，在框架之间镶嵌着竖琴、棋盘、书函、画卷、笏板、蕉扇、宝剑、渔鼓以及寿桃、石榴、花果等小件木雕，通过点、线的连接设计来实现门扇的透与隔，满足室内采光、通风以及分割居住空间的功能需求，精致的木雕作品又增添了整个建筑的美感情致和文化内涵，体现出古代工匠对中国传统美学的遵循。

三、石雕

石材质地坚硬、不蚀不朽、经久耐用，人们在利用石材作建筑承重构件的同时，也赋予它祈吉求福的精神寄托。石雕由于受材料的限制，加工雕琢的难度较大，

图 4-13　由麒麟、凤鸟、花草组成的“威凤祥麟”石雕

图 4-14　“太师少师”石雕

远比不上木雕、砖雕题材选择广宽，也较难以表达深广的内容和恢宏的场面。能工巧匠在宅第中因地制宜，因材施艺，在门枕报鼓石、栏板、漏窗、额枋、柱础、桥柱等部位巧施线雕、浅浮雕、高浮雕、圆雕、镂空雕，或精细，或粗犷，或典雅大方，或古拙朴实。在石料的选择上也颇有技巧，在材料上首选那些纹理顺畅、声音清脆、无裂缝隐残的石头，作承重构件及重要的雕刻材料，有的石头虽完整无开裂，但含有杂质污点，一般会被安放在不显眼的位置，而那些有开裂、残缺的石材一般被弃用。

闽北古民居的建筑石料大多为质地坚硬的青石和花岗岩，有抗磨、抗击、抗潮、抗腐的特性，广泛应用于建筑的柱础、门础，台阶、门当、报鼓石以及天井，花园中的石水缸、石花架，池栏、井栏、墙脚的条石等。这些石雕作品精彩纷呈，内容取材丰富广泛，装饰手法多样生动，雕刻技艺精湛娴熟，富有感染力。除了部分采用线刻的技法外，大多数运用浅浮雕、深浮雕、镂雕、圆雕等多种雕刻手法，充分展现了当时石匠高超的技术以及深厚的文化底蕴。

在下梅古民居的石雕艺术中，最为精彩的当数邹氏“大夫第”，门前两对斜立石碑，碑体刻有莲瓣纹，上下各有两个孔，或是拴马石，或是木旌表的石座。正门两侧摆放着一对高度约为 60 厘米的石门当，其正面刻着由麒麟、凤鸟、花草组成的“威凤祥麟”图案（图 4–13），两边则是“太师少师”图。作品刻工精湛，技法娴熟，尤为突出的是深刻技法，凤鸟的羽毛、麒麟的鳞甲、狮子的鬃毛都被刻画得流畅自如，纤细如丝，整个画面形象生动充满活力。两只狮子头大脸阔，额隆颊丰，箕口肉鼻，毛皮上有卷涡状的鬣毛，胸部饰以璎珞华锦，脖子下面挂着铃铛，憨态可掬，十分讨人喜爱。从工艺水平上看比例准确，雕刻技法精细灵活，层次丰富，动感极强，周围用植物纹样装饰完美，整个图案象征飞黄腾达，官禄亨通，代代相传。虽然部分已经分化腐蚀，但残留的部分依然精彩。从这幅精美的石雕作品，我们也能看出当时邹家显赫的社会地位（图 4–14）。

“报鼓形”门墩属于古代朝廷和衙门的建筑产物，体现的是“更鼓报晓”和“衙鼓抱怨”的象征和意味。报鼓石自下而上由轴底、基座、锦铺和主体四部分组成。轴底为凿有一洞以安装大门转轴的长方形石块，其上为基座，多以须弥座造型，雕饰精美，基座上方是锦铺，上面刻着装饰性花纹的下垂三角形，主体即锦铺及上方的报鼓或箱子或柱子等，其上所刻浮雕精美逼真，寓意吉祥，有的顶上还雕刻狮子、鼓环、衔环的兽吻头等，给人以美好、吉祥、威武的感觉。

在武夷山五夫连氏节孝坊门楼大门两侧设有一对高约 1.7 米的报鼓石，整体为“龙含玉珠”纹饰。龙的鼻孔硕大，眼珠凸出，龙角高翘，鬃毛飘逸，形象威严无比，增强了门楼的气势（图 4–15）。门楼底部均铺设石制基座，基座上刻有大量的动植物纹饰。报鼓石和基座上的纹饰浑厚洒脱，与门楼上清新淡雅的砖雕

图 4–15　连氏节孝坊“龙含玉珠”报鼓石

图 4–16　邹氏大夫第“小樊川”里的石雕水缸

图 4–17　西水别业的石雕“芭蕉门”

形成鲜明的对比。

闽北古民居的天井多用坚硬的青石板铺设而成。排水口处会刻有钱纹。在天井里常常会摆放一高一矮花瓶形或长条形的两个青石花架，花架上摆有盆盆绿植，为老宅带来无限生机。在下梅村大夫第天井及后花园还摆放许多造型各异的石水缸，有长方形、六边形、五边形、椭圆形、半圆形，这些水缸是用整块巨石雕琢而成的。椭圆形的石缸外形流畅优美，长方形的石缸稳重大气，半圆形的石缸圆润饱满，表面采用浮雕工艺刻绘着吉祥图案，这些石缸不仅有盛水的功能，还具有很高的审美价值（图 4–16）。此外，雕刻精美的石门也是下梅建筑装饰中一道独特的风景线，当年西水别业的主人别出心裁，大胆改变门的固有造型，设计出异形的“圆月门”与“芭蕉门”（图 4–17），其中芭蕉叶形门因“蕉”与“招”谐音，故含有“招”的意思，希望能将才子佳人招入门中，也希望进出此门者能招财进宝。这种颇有创意的设计，即使在现在也称得上新潮。在下梅邹氏大夫第“小樊川”的后花园中还筑有石栏杆的鱼池，精致大方、素朴实用，便于人们在花园中散步。在一些民居中还会在厢房门口摆放书卷形的石雕门踏步，不仅方便老人和儿童出入，

图 4-18　书卷形石雕门踏步

图 4-19　精美的石柱础

而且还具有防潮的作用 (图 4-18)。

柱础 , 俗称“柱顶石”, 是支撑木柱的基石，可以分担柱子的承压力，具有加固木柱、防潮防腐、减少磨损等功能。西汉《淮南子》记载：“山云蒸，柱础润。”据李诫《营造法式》第三卷所载：“柱础，其名有六，一曰础，二曰櫍, 三曰舄, 四曰磌，五曰礩 ，六曰磉，今谓之石碇。”闽北属典型的亚热带海洋性湿润季风气候 , 常年雨量充沛，气候温湿 , 所以在古民居建筑中多选用石头来制作柱础。一般的柱础上端中心处有深和直径各为10厘米左右的凹槽, 檐柱底中心则做榫头, 利用榫卯结构便于檐柱安装定位，也使柱与础得到很好连接 (图 4-19)。有的木柱下端有宽、深各寸余的十字槽，使空气能流入，有一定的防潮功能。由于柱础放置的位置接近人的视线，所以常常被作为建筑装饰的对象进行雕刻，将各种吉祥纹饰刻绘其上，成为能工巧匠施展技艺的绝好部位，也是屋主人审美情趣和理想追求的载体。

在建瓯市伍石山庄的古民居中就有许多雕刻精美、造型各异的石柱础，有单层式、双层式、圆鼓式、基座式、莲花式、须弥座式等，位于中轴线上主要厅堂的柱础比两边厢房的柱础要讲究；外檐柱柱础比内金柱柱础讲究；在供祖先牌位的厅堂中，供案前的柱础比其他柱础讲究。特别是在天井两侧的檐柱柱础采用较为复杂的八边形须弥座式，整个柱础高为60厘米，不仅有效地防止天井雨水对柱子的侵蚀，同时也增加了柱础的装饰面积，上坊采用深浮雕的形式雕刻蝙蝠、狮子、石榴等，在束腰部分用浅浮雕的牡丹花卉纹饰，在下坊用浅浮雕的形式刻着花饰纹样，粒粒鼓钉环绕四周。

第三节　闽北古村落传统建筑装饰彩绘

一、彩绘

中国古建彩绘壁画有着悠久的历史。从有文献记载的商末“宫墙文化”起，至今已有三千多年。早在春秋时期《论语》中就有“山节藻棁”之说，这说明当时的梁架上就绘有水藻的云纹，有防火之意。秦汉时期的柱、檩上多绘以云纹、龙蛇、锦纹等纹样。彩画真正形成应该在汉代，据汉蔡质的《汉官典职》记载：“尚书奏事于明光殿，省中皆以胡粉涂壁，紫青界之，画古烈士，重行书赞。”由此可以看出，当时的建筑装饰风尚便已将彩画作为一种流行时尚。南北朝时期佛教传入，彩画的绘制不仅仅局限在自然界纹样中，佛教纹样如火焰纹、金翅鸟、莲花开始运用于装饰中，丰富了彩画的色彩选择。随着闽北经济不断发展，闽北民居建筑装饰中“雕梁画栋”随之兴起。闽北彩绘不仅受到中原彩绘的影响，同时又因其保留独特的闽北文化及人文风格而别具特色。技法上，闽北彩绘不仅使用平涂的方式，而且很多采用“晕染”的手法，这种“晕染”的渐变，使得颜色变化不会太过强烈，色彩缓和了许多，调和度更高。

随着文人画的兴起，江南涌现出大批的民间画师，这也为建筑彩绘壁画的盛行奠定了坚实基础，江浙皖赣等省的一些文人画家也积极参与到彩绘壁画创作的行当中，这样使得建筑彩绘艺术得到空前的繁荣和发展。这些画师通常采用“以

图 4-20　赤岩虹桥藻井彩绘

工代写”的手法对古建筑的板壁、云端、外墙进行彩绘创作，他们用自制的矿物或植物颜料来绘制，颜色以黑色、藤黄、石绿、朱砂、靛蓝、赭石等为主，花鸟人物多以工笔为主，写意多有山水景物，他们千方百计、倾全身智慧和技法将主题完美演绎出来。

闽北古建筑的彩绘壁画主要分布在古民居、宗祠、廊桥、寺庙的一些内部空间，如院落厅堂云端，厢房内部板壁、阁楼、山墙内壁，窗扇裙板、床顶彩盖等部位，内容以山水、花鸟、人物画、故事画为主。一些外部空间，如外围山墙、门楼、门罩、门楣、窗楣、梁柱、藻井等处，以墨线法勾勒，清淡素雅，与建筑物的外围色调相搭配，内容多选二十四孝、历史故事、神仙人物和花草瑞兽等，寓意深远，有布道教化之功效。

在周宁县赤岩村的虹桥廊屋梁架上有四个施满彩绘的八角形覆斗式藻井，这在同类桥梁中较为罕见（图 4-20）。藻井上的彩绘分“祈祥纳福”“扶贫济困”“修身明智”“忠信仁义”四类主题，共绘有“三顾茅庐”“商山四皓”“竹林七贤”“文公授夷”“包公断案”“精忠报国”“回纥统军”“仁贵降敌”“唐明皇爱牡丹”“孟浩然爱梅”“陶渊明爱菊”“周茂叔爱莲”“负米养亲”“扼虎救父”“拾桑供母”“福禄寿三星”等 36 幅彩绘，这些作品采用中国传统勾线填色、局部

图 4-21 “文公授夷”彩绘

渲染的国画表现技法，将物象表现得栩栩如生。尤其一幅名为“文公授夷”的作品（图 4-21），画面中共有八个人物，慈眉善目的徐文公被安排在画面的右边，其身边的随从用手指着几位正在学习耕作的外国人，像是在禀报学习耕种情况，另一位端着茶壶的侍者恭敬地站在一边；画面的右下方画着一位牵着牛的外国人，调皮的耕牛与牵牛人恐慌的表情引来两位同伴诧异的目光，画面上方配“忠良盖世徐文公，禁乌香烟迸狄戎。仔细教夷知稼穑，归来清史列芳功”的题跋，作品中人物、耕牛、山水、树木、衣饰、器物都绘制得各有情趣，画师通过情景意态绘制手法，将不同人物的神色表情以及他们之间的联系生动地表达出来。画师虽为民间工匠，但这些彩绘作品构图丰富、色彩鲜明、繁而不密、粗简放纵得当，画工技艺精湛，雅儒盛浓，所表现的事物和情境，形神兼备，气韵生动，具有中国明清文人画的遗韵，是闽北廊桥彩绘中的一朵奇葩。在闽北古村落建筑内部绘有大量具有人文情节及崇尚儒家思想的彩绘壁画。以彩绘壁画的形式在民居中表现忠孝礼节、福禄寿禧等崇高境界和美好理想追求，起到教化后人的作用。

在伍石山庄宅院门头的内墙上有幅“九狮图”彩绘，画面由雌狮和众多幼狮组成，狮子身系彩绸璎珞，雌狮侧身卧地、抬头翘尾、体态健硕、神情温驯，幼狮围绕在其身边，或坐或立，或环顾或仰卧，嬉戏相乐，憨态可掬。狮子采用国画工笔的表现技法进行绘制，以墨为骨，用色晕染，淡墨皴点，四周方框以珍珠底纹进行装饰，画面疏密有致、生动传神。“九狮图”在民间被称为“祥狮九转乾坤凌”，祈福当地能够四季平安、五谷丰登。这幅“九狮图”是宅主伍氏的精神寄托，表达了希望后代能够封官加爵、永葆荣华的美好愿望；通过

图 4-22　“九狮图”彩绘

“狮”与“嗣”的谐音，喻示后代子嗣昌盛，人丁兴旺；定名为“九”，实为取“长久”与“好事相连”的吉祥之义；在院落门头内墙绘制“九狮图”亦可镇宅辟邪，护佑家庭平安（图 4-22）。

二、彩塑

彩塑也称为泥塑、灰塑，是以白灰或贝灰为原材料做成灰膏，加上色彩，然后在建筑物上进行描绘或塑造成型的一种装饰类别。其主要原料有三种，分别为石灰、沙和纤维材料。纤维可以是稻草捣碎后的草茎，也可以是麻绒。将这三种主要成分混合之后充分搅拌均匀，用细网筛除杂粒，加水养灰。养灰是指将调好的灰放在大桶中，养护 60 天左右，使灰在自然空气中经化学变化渗出灰油，加强黏性。有时为了增加黏度减少裂缝，也常加入红糖和糯米汁。彩塑工具有小斧、小锯、克丝钳、剪、大刮板、小刮板、大小泥笔、灰板等。

制作彩塑的工序与雕塑相似，第一步是设计构图，根据作品所处位置、周围景观、借景条件、主人的愿望要求等因素，确定主题内容，勾画图案布局。第二步依照图案布局先在墙上打钉，并用木棒、竹篾、钢筋或铁丝作材料制作坯架，然后根据骨架的粗细大小，分别用稻草绳、麻绳、棉花或棉丝缠裹。第三步根据要塑的对象的形态状况，先用熟泥，后用灰泥，或直接用灰泥捏塑出要塑对象的基本形态，泥塑的堆灰要从内向外层层进行，对于层次较多的泥塑，还需要分层进行，有时为了更加牢固，会插入一些小瓷片，增加灰料的受力面积。第四步待塑灰泥八成干时再裹一层薄灰泥或棉筋泥，然后用木质十分细腻的小刮板精细雕塑出对象的姿态和外表特征。第五步进行局部细致整理或上色，采用湿壁画绘制

图 4-23　“松鹤延年”彩塑

手法，在灰料未干时涂上矿物质颜料，待干燥后颜色不会脱落，这样既能够让颜色渗入灰料，同时也可以节省色料。灰塑的材料比较普通廉价，制作的方法也简单快捷，其将雕塑与彩绘相结合，呈现出丰富的艺术效果，受到当地居民的喜爱。

在闽北古民居建筑装饰中，彩塑多用于装饰建筑物高处，如屋脊、山墙、山花、门头、门脸、封火墙、影壁、院墙、花坛等部位常用灰塑作品进行装饰。题材也十分广泛，包括祥禽、瑞兽、花草、果实、人物，或以其内容组合成各种寓意的吉祥图案，装饰性极强。色粉常用颜色有红色、青绿、黑色等。红色系为土朱、朱砂；绿色系为石青、铜绿；黑色系为乌烟等。彩塑作品涂抹上色泽饱满的矿物颜料后，显得富丽堂皇，经历几百年的风雨依然璀璨生辉，十分悦目。闽北古民居建筑中彩塑一般用在屋脊、山花墙面等处，考虑仰视效果和视觉清晰度，因此灰塑作品体形较大，工匠在塑形时的线条多粗犷有力，刚劲的线条使形体的转折

图 4-24　“喜上眉梢”彩塑

面更加清晰分明，加上彩塑色彩十分绚丽，明度和纯度很高，色彩表现更为强烈、清晰、浓烈、大胆，使得整幅作品具有很强烈的视觉效果，也凸显闽北先民开放、融通、勇于创新的性格特征。彩塑作品多以黑色为底，使其与山墙的檐体融为一体，然后施加白色轮廓，令画面清晰醒目，还起到很好的色彩过渡作用。

在赤岩村古民居屋脊的脊垛、脊头、脊坠以及山墙的照壁上镶嵌着大量彩塑作品。有以书卷纹、钱币纹、蝙蝠纹来装饰的，也有用鸟兽虫鱼、花卉果蔬、亭台楼阁、小径拱桥来表现的，这些造型各异的灰塑作品为高大单调的山墙增添了不少生机。在“谢氏老宅”前院山墙正中下方的照壁上镶嵌着两幅彩塑作品。矩形的回纹方框内分别塑有“松鹤延年”和“喜上眉梢”的图案（图4–23、图4–24）。画面中的松、鹤、梅花、喜鹊、假山被塑造得生动具体，在底面宝蓝色的衬托下显得尤为突出；其上方的横匾上写有“福星拱照”四字，旁边以书卷纹装饰；其中假山的塑造技法十分特别，工匠用特制的黏土塑出基本的外形后，再镶嵌形状各异的白瓷碎片，这种以瓷片为骨的塑造技法，既打破黏土本身所呈现出暗灰的色调，将山体的质感生动地表现出来，又对彩塑起到很好的加固作用。赤岩村古民居建筑装饰是以“图必有意、意必吉祥”为设计原则，这些艺术形象作为一种文化符号，反映了古村落先民的精神面貌和对安康、长寿、富贵吉祥的期盼。

有些古民居山墙上还会用石灰堆塑出各种卷草纹，俗称“草尾”。这种“草尾”的设置使山墙造型更加丰富生动，墙体的立体感更加强烈，建筑轮廓线更加清晰。这些墙头上永不褪色的彩塑也成为闽北古民居建筑的一道亮丽风景线。

第四节　闽北古村落传统建筑装饰题材

受地理环境、宗教伦理及中原传统文化等因素的影响，闽北古建筑雕刻图案多以尊礼和祈福为主题。通过关联取意把具有某种象征寓意的符号或物象巧妙地组合，表达对礼教的尊崇和对美好生活的向往。根据图案题材和内容的不同，大致可以归纳为以下四种。

一、以祥禽瑞兽类吉祥图案为主的装饰题材

中国传统动物图案注重其内在生命力和律动感的表达，而并不拘泥于具体形象的刻绘。匠师善于通过夸张动物的形象特征或者捕捉动物某一动态的神情风采

来表现其强大的生命力。原始人常以狩猎为生，漫长猎获和征服动物的经历，使他们对动物产生敬畏之情和休戚与共之谊，在科学落后的年代，只能通过赋予动物超越自然的神力来寄托人们趋吉避凶、祈求平安幸福的美好愿望，于是形象各异的动物就被绘制于岩壁和器物上。闽北古建筑装饰中动物纹样形象特征突出，内涵丰富，寓意深远。这些纹饰有的是单独使用，采用图案装饰的表现手法来展示，有的是与其他元素进行组合象征某种寓意的，无论单独与组合，都体现了当时工匠高超的艺术才能和创造精神。

1. 龙

“龙”是中国传统最具代表性的神兽。在中国人心目中龙是“尊贵”的象征，具有至高无上的地位，象征神圣、力量，代表男性，在封建社会，龙被作为皇帝和皇族的专有标志，是身份的象征，又是幸运和成功的标志。因此，在建筑装饰中，龙及与其有关的瑞兽都象征尊崇、权力与富贵。在民间传说中，龙有神力，有防止侵犯、消灾避邪的作用。在闽北古建筑中，龙纹被广泛地使用在寺庙、祠堂、书院等高等级建筑上。此外，乡村的传统民俗活动也常常出现龙的身影，如春节的舞龙灯、端午的赛龙舟都是人们喜欢的民间传统喜庆活动。必须指出，由于严格的礼制等级制约龙的使用范围，民居建筑装饰中少有龙的形象出现。至封建社会末期，专制统治逐步趋于瓦解，民居的建筑装饰中才出现诸多龙的变通形象，尤其像在闽北这样偏远的乡村，更有大胆突破禁忌、不拘一格地用龙的形象的装饰，以显示主人雄厚的经济实力或不凡的社会地位及追求富贵、吉祥的心理诉求，所以在闽北古建筑屋顶的砖雕屋脊上，在石牌楼的梁枋上，在门头、门脸的砖雕装饰中，都能见到神龙的身影，如“双龙戏珠”“望子成龙”“龙凤呈祥”“团龙”等，在民间还常常用到龙头卷草身和龙头回纹身的“草龙”和“拐子龙”（图4–25）。这种抽象、灵活、变化的龙纹一般不作为主体装饰图案，而多用于雀替、格花、门楼等局部的装饰之中。

龙之九子中的螭吻在闽北古民居装饰中常被置于屋脊两端与木构件中，传说螭吻为龙头鱼身，善于激浪降雨，寓意灭火，甚合屋主的安全避灾祈愿，在闽北古民居中常出现螭吻装饰，表现出闽北人追求平安、避凶纳吉的美好愿望。

2. 麒麟

麒麟是中国“四灵”即麟、凤、龟、龙之首，有祥瑞、长寿、招财纳福、镇宅辟邪等寓意。古人称“麒麟为太平之兽”；杜预的《春秋左传正义 · 卷一春秋序》中记载：“麟凤五灵，王者之嘉瑞也。”《礼记·礼运》曰：“麟凤龟龙，谓之四灵。”许慎《说文解字·鹿部》记载：“麟，大牝鹿也，从鹿磷声。”

在闽北古民居建筑装饰中，麒麟常常与其他吉祥纹样进行组合，如下梅邹氏大夫第的大门门枕石上雕刻有麒麟和凤凰，组合而成“麒凤呈祥”。在邵武和平古镇的李氏大夫第的门楼上有麒麟与古书组合为“麟吐玉书”，以期盼家族中能出不凡之才（图 4–26）。

图 4–25　“草龙纹”木雕撑拱

图 4–26　“麟吐玉书”砖雕

3. 大象

象纹饰是闽北古民居装饰中的一种重要纹饰。自古以来大象就是中国人心里的安定吉祥之物。《魏书》记载：“元象元年（538 年）春正月，有巨象自至砀郡陂中，南兖州获送于邺。丁卯，大赦，改元。”人们喜欢大象、崇拜大象，与大象有着不解之缘。象谐音“祥”和“相”，既表达吉祥如意的寓意，又是地位的象征。古人云“太平有象”“出将入相”都是褒扬之语（图 4–27）。大象给人以温和柔顺、稳重端庄的印象，自然而然就被赋予安定祥和、太平盛世之寓意。象鼻托举有力，象征力量与安稳；又能够吸水，有聚财之意，所以民居中斗拱多做象鼻形，意为屋宇安

图 4–27　“吉祥如意”石雕

图 4-28 “双狮戏球”砖雕

稳牢固，居则事业有成，生财有道。象纹样还可与其他纹饰组合，使内涵更为丰富。下梅邹氏大夫第的门当上就刻有昂首曲鼻的大象，象背上驮着一方印玺，寓意“出将入相”，寄托了主人追求功名、官运亨通的祈愿，同时“象”与“祥”谐音，又有着“吉祥如意”的寓意。

4. 狮子

狮子是百兽之王，性格凶猛，是权力与威严的象征，具有镇宅驱邪的功能，从古到今很多大户人家、机关单位都会在门口摆设一对狮子以示权贵。其摆设有讲究，左边为雄狮，右边为母狮，其气势威武，能够驱避邪祟、消灾除厄。在民间，通过取“狮”音，谐“世”“师”“嗣”以及“事”来表达不同的吉祥寓意。闽

图 4-29 “一品仙鹤”砖雕

北官宦达贵大户门头时常可见“太师少师”的雕刻。两个狮子左右对称，大狮与小狮则代表太师与少师，体现庄严与权威。“狮子滚绣球”图案寓意多子多孙、驱灾纳吉。峡阳镇古民居门头上方有“双狮戏球”的砖雕，采用圆雕与透雕的技法将狮子与绣球的立体轮廓刻画出来，活灵活现，并采用对景的手法增添趣味（图 4–28）。

5. 仙鹤

在中国民间，仙鹤是仅次于凤凰的仙禽，故称“一品鸟”，也是老百姓喜闻乐见的装饰题材。《康熙字典》云：“鹤：水鸟名。似鹄，长颈高脚，丹顶白身，颈翅有黑，常以夜半鸣，声闻八九里。”在中国传统意识中，鹤为“一品”，一鸟（凤）之下，万鸟之上。明清文官补子，一品均为仙鹤纹图。在传统民居建筑装饰中，仙鹤象征长寿、祥瑞，也象征天外使者，比喻为官清廉。仙鹤与松石的搭配隐喻松鹤延年和祈神保佑。闽北古民居中常常出现“团鹤”图案，与松树结合称为“松鹤长春”。闽北有些家祠的中堂背景墙面上有仙鹤的图样，守护祖先牌位，表示灵魂长生和神仙佑福之意（图 4–29）。

6. 蝙蝠

蝙蝠的谐音为“遍福”，寓意遍地是福，所以蝙蝠成为“福”与“富”的象征。在闽北古民居建筑装饰的木雕、石雕、砖雕中常常会出现蝙蝠图案，在现实生活中，蝙蝠形象丑陋，缺乏美观，但通过工匠的创意表现，将其塑造成犹如蝴蝶般的形象，宽大的翅膀，灵动的身躯，具有极强的装饰感。在峡阳镇百忍堂有幅“五蝠捧寿”图，是由五只蝙蝠围绕隶体的“寿”字组成的纹样，期望五种福气都能够来到家里。下梅古村落邹氏家祠墙根石雕中的“福到”图，是一幅“倒挂蝠”石雕图。画面简洁明快，却是一道隐喻之谜，要用谐音来解读，蝙蝠中的“蝠”与“福”同音，加上蝙蝠又是倒挂着的，因此以“倒”谐音“到”，表达的主题意思就是“福到”（图 4–30）。在武夷山曹墩

图 4–30　石雕中的民俗符号创意——倒福

图 4–31　“天赐五福”砖雕

村黄厝屏墙有一幅“天赐五福”的大型砖雕作品，画面由“宝瓶、茶壶、宝鼎、五只蝙蝠”组成，鼎上升腾起袅袅青烟，那是飘向天空的祥云，也指运气。民间百姓美其名曰“天赐五福”，即长寿、富裕、健康、好善、寿终正寝，反映家族对“五福”思想的推崇、对健康长寿的追求（图 4–31）。

7. 鱼

鱼，作为一类水生动物的总称，在古人心中是一种瑞的象征，具有生殖繁盛、多子多孙的吉祥祝福寓意。鱼崇拜一直在中华各民族中广泛流传，许多神话中都有大地是驮在巨大的鱼背上的故事传颂。在湖南马王堆出土的汉墓帛画上的世界图像，也把人间大地放在两条巨大的鱼之上。民间使用的鱼形纹饰多为鲤鱼之象，并常与龙、凤同处一画。此外，还将鱼身上的鳞皮视为吉祥、美丽的装饰，“鱼鳞锦”就是具有中国传统特色的纹样。还有坊间流传 2000 多年的“鲤鱼跃龙门”传说。我国最早的词典《尔雅》中就记述了这个传说：古时的鲟鱼（鲤鱼），出产于巩穴，阳春三月时会游到龙门，它们中间有能跃过龙门的，就会变成龙，否则额头被点上红点返回原地还是鱼。唐代大诗人李白有诗曰：“黄河二尺鲤，本在孟津居。点额不成龙，归来伴凡鱼。”明代李时珍也在《本草纲目》中描述：“鲤为诸鱼之长，形既可爱，又能神变，乃至飞越江湖，所以仙人琴高乘之也。”因此，“鲤鱼跳龙门”纹样也常被作为古时平民通过科举考试及第而入仕为官得到富贵幸运的象征。连年有余，是由鲢鱼（或其他鱼形）和莲花组成的纹样，借用谐音表达期盼生活富足、美满、吉祥的愿望。在下梅古建筑中，有许多“鲤鱼跃龙门”

砖雕作品，在波涛翻滚的江河中，有一座巍峨耸立的龙门，有多条鲤鱼逐浪追波、跃跃欲试，其中有一条高高跃起的鲤鱼已经化为龙的形态，整体画面构图合理、紧凑，图纹线条流畅、层次分明。作品使用镂雕工艺，立体感强，有呼之欲出的感觉。图中动与静配合近乎完美。云、水、龙、鱼动态各异，画面既气势磅礴，又中心突出（图 4–32）。

图 4–32　“鲤鱼跃龙门”砖雕

图 4–33　“八骏”通“拔俊”

图 4–34　“十鹿”通“食禄”

闽北古民居建筑装饰上还大量出现鹿、马、猴、蜜蜂等动物的形象。在邹氏宗祠的门罩方框上刻有精美绝伦的“十鹿图”和“八骏图”。这两幅图案构图饱满、画面层次错落有致、工艺精湛，鹿与马或站或卧，或进食或嬉戏，神态各异，堪称下梅村古民居砖雕中的精品。在东晋时期王嘉编写的《拾遗记》中以马的行迹命名：“王驭八龙之骏：一名绝地，足不践土；二名翻羽，行越飞禽；三名奔霄，夜行万里；四名超影，逐日而行；五名逾辉，毛色炳耀；六名超光，一形十影；七名胜雾，乘云而奔；八名挟翼，身有肉翅。”古人以骏马喻英才，“八骏”通“拔俊”，故含高中科举之意蕴（图 4–33）。“十鹿图”上雕刻了形态各异的十只鹿，合起来即是“食禄”（图 4–34）。“十鹿图”和“八骏图”两幅作品寄寓了邹氏先祖期望后代多出人才，并且能够世代永享俸禄的美好愿望。施政堂的门头上有一幅以喜鹊、鹿、蜂巢以及猴为题材的圆形构图的砖雕。圆形外框以竹节造型进行装饰，为图案增加了几分精彩，因“猴”与“侯”同音，“爵”与“鹊”同音，“鹿”与“禄”同音，“蜂”与“封”同音，故以谐音取意“爵禄封侯”，寓意后代子孙能够跻身王侯之列，光宗耀祖（图 4–35）。

二、以植物类吉祥图案为主的装饰题材

植物类吉祥图案是下梅古民居建筑雕刻常用的题材。有以梅、兰、竹、菊为代表的花中“四君子”和以松、竹、梅为代表的“岁寒三友”。《论语》曰：“岁寒，然后知松柏之后凋也”；梅，凌寒绽放，枝干苍劲挺秀，宁折不弯；竹，杆直不阿，古人有“玉可碎而不改其白，竹可焚而不毁其节”之说。三者皆为处寒冬而不谢，不畏恶劣的环境，傲然挺立，因而有了“岁寒三友”的称谓，这是在中国绘画中常见的树木花卉，表达主人坚贞高洁的志趣和情操。

以“竹梅双喜”为主题的作品是将现实生活中的喜鹊、竹子、梅花等纹样进行组合，在民间，竹梅被比喻为新婚夫妻，因此“竹梅双喜”就成为祝福新人喜结良缘的吉祥语，并作为砖雕的装饰纹样，祝福生活幸福，夫妻恩爱。唐李白曾有诗曰：“郎骑竹马来，绕床弄青梅。同居长千里，两小无嫌猜。”生动地描述了青梅竹马、两小无猜的小儿女嬉戏天真烂漫的情态。

图 4–35　“爵禄封侯”砖雕

“连理枝”是指两棵树的树干连生在一起形成的纹样，比喻恩爱夫妻。唐代白居易在《长恨歌》中，为世人留下了“在天愿作比翼鸟，在地愿为连理枝”的著名诗句。“榴开百子”是由一个或多个石榴组成的纹样，大多图案中的石榴果皮剥开一半，露出排列整齐的果实，象征多子多福之蕴意。这些题材常常被运用到闽北古民居的木雕作品中，以此寓意婚姻幸福美满、多子多福、家族人丁昌盛。

“和合如意”是以荷花和盒子组成的纹饰，春秋战国时就广泛应用，比喻夫妻和谐，鱼水相得。荷花即莲花，古名“芙渠”或“芙蓉”，《尔雅》中有“荷，芙渠……其实莲”的记载。佛教传入中国以后，便作为佛教标志，代表“净土”，象征纯洁，寓意吉祥。因其根深叶茂花繁，盘根错节，有“固本枝荣”之说，寓意基础牢固，事业兴旺发达。

“芝仙祝寿”是由灵芝、水仙、竹子、石头组成的纹样。古代以灵芝为仙草，又称瑞芝、瑞草、灵草，是一种吉祥植物，它汲取日月精华的灵气，使人容颜不老，有起死回生的功能，传说长在实行仁德的国度里。水仙寓意群仙。“竹”字谐音“祝”。石头寓意寿石。以此组合的纹样来祝福健康长寿。还有牡丹、桃、荔枝、核桃、灵芝等代表兴旺、和睦、长寿、平安等鲜明的主题。这些植物类图案有的单独作为纹样的主题，也有的作为其他纹样的陪衬，无论如何使用，都是为了诠释吉祥的寓意，并给人以美的享受和美的升腾。植物纹饰的类型在闽北古民居艺术形态中出现较多，题材较为常见，其构图一般会用二方连续、四方连续、折枝式、整枝式等手法，表现独特的审美意蕴。

三、以博古器物类吉祥图案为主的装饰题材

博古意为博通古物。通今博古，这是古代文人的一种追求。古物有文人所用的笔、砚、纸、墨文房四宝，有文人欣赏的古鼎、古瓶、钟鼎、玉佩、象牙、犀角、珐琅和各式盆景等。摆放和陈列这些古物的柜架称博古架。在一座宅第中或者装饰中出现博古架和博古器物之类也成为文人有渊博学识的一种标志，所以在一些石栏板、门头砖雕上常能见到它们的形象。在西水别业的漏窗墙上有一幅“平安吉庆”图像，一只直颈、圆腹花瓶里插着一杆戟和一根如意棒，在如意棒上挂有一只磬，以“瓶”通“平”、“戟”通“吉”、“磬”通“庆”象征平安升迁的吉祥寓意。这种图案器物组合随意性较大，瓶中插三杆戟，则“戟”与“级”谐音可喻为“平升三级”，表达期望官运亨通之寓意；若瓶中插着如意，则又有“平

安如意”的意思。

琴、棋、书、画等“四艺”在中国传统社会被视为上流人物的风雅之物，也是文人学问渊博、情怀高尚、生活随性安逸的体现。古往今来，众多寒门学子梦寐以求成为文人学士。“四艺”图案则能显示房主人高雅的生活品位和情趣，能够体现闽北学子对上层生活的向往，能够吸引观赏者的视觉重心，大多被布局在门楼、梁坊、格扇门装饰的核心部位，或与其他图案组合一起，形成更加深刻的寓意。在下梅的建筑构件中常常还会看到刻有佛教中的“八宝吉祥”（即金轮、宝伞、盘花、法螺、华盖、金鱼、宝瓶、莲花），还有以宝剑、葫芦、笛子、掌扇、花篮、莲花、尺板以及道情筒组成的道教“暗八仙”，以及明志的琴棋书画、笔墨纸砚相结合的纹饰，体现出儒、释、道三教共融的宗教文化特色。

四、以人物类吉祥图案为主的装饰题材

在建筑装饰中，人物类的吉祥图案其原型很多来自神话传说中的戏曲故事，这些作品有着很强的故事情趣和民俗特色。下梅“三雕”作品中人物类吉祥图案取材广泛，其中包括传说中的各路神灵、现实生活中的真实人物，以及一些民间市井生活中的孩童嬉戏、渔樵耕读等图景画意。下梅先民常常将“八仙庆寿”“天官赐福”“三星高照”“和合二仙”等题材的砖雕装饰于自家的门楣上，反映他们对神灵的敬畏，同时也表达对幸福生活的渴求。“三星高照”中，三星指福星、禄星、寿星。福星，古称木星为“岁星”，所在有福，故又称“福星”。李商隐《北齐歌》“东有青龙白虎，中含福星包世度”中“星”作“皇”，福星喻指君王。在《论衡》中是这样解读“禄”的：“命者，贫富贵贱也，禄者，盛衰兴废也。”寿星即南极老人星，此星主寿。《观相玩占》曰：“老人一星狐矢南，一曰南极老人，主寿考，一曰寿星。”民间多将以上三位仙人合在一起，寓意三星高照，红运通达。“天官赐福”是由天官、蝙蝠等组成的纹饰。民间传说这一天，天官要赐福于民间。故借“蝠”与“福”的谐音寓意祈求福祉。

下梅参军第门楼上有以“刘海戏金蟾”“东方朔偷桃”为主题的砖雕。刘海戏金蟾，出自道教典故。由传说中辟谷轻身的人物附会而成。在民间传说中，刘海被视为赐福和降财的神明，画面中刘海被安排在显要位置，其形象多是一蓬发少年，脚下是叠起的金钱，双手不断抖动彩线戏逗着象征财富的三条腿的金蟾，并用线将大金蟾吐出的钱一枚枚地穿在一起，旁边用祥云、仙鹤、山脉加以衬托，

以此寓意财源广进，兴旺发达，幸福美好，它表达了人们对财富的渴望（图 4–36）。由于受中原文化的影响，武夷山村野百姓给人祝寿时最常用的礼物为寿桃。在“东方朔偷桃”这幅作品中，东方朔肩扛一枝鲜桃乘云而来，神态有几分得意，身后还刻有一只正在飞翔的仙鹤，烘托求寿的艺术氛围（图 4–37）。这两幅作品造型生动、寓意吉祥，反映出古代匠人的聪明才智和主人盼发财、求长寿的美好愿望。

图 4–36　“刘海戏金蟾”砖雕

五、以文字为主的装饰题材

我国古代建筑最早出现的文字装饰是在瓦当上。瓦当上出现的文字既有宫室名称，又有吉祥语，文字有少有多，匀布在小小的瓦头上，成为一种装饰。在武夷山城村的闽越王城出土过“万岁”“常乐万岁”“乐未央”等瓦当，其规格俨然等同汉廷宫殿所用瓦当，铭文篆书秀丽优美，加以云树花纹，在秦汉瓦当中亦属精品。

文学与建筑的融合，是将精神性最强的艺术要素融入物质性最强的建筑中，使工艺美、书法美、雕刻美、文学美与建筑美融为一体，使中国传统民居建筑意境更加深

图 4–37　“东方朔偷桃”砖雕

图 4-38　刻有“孝悌忠信”字样的木雕供台

远。明清时期，书法和文字装饰渐渐成为时尚，常将楹联装饰大门和厅堂，常见的有“福、禄、寿、喜、忠、孝、礼、义”字纹。在杨源古村落的民居厅堂里摆放着“孝悌忠信”的木雕供台（图 4-38）。以文字为主的建筑装饰主要是通过匾额和楹联来表现，它们作为我国古建筑装饰的重要组成部分，主要内容为旌表祝贺、托物言志、生活寄愿，具有颂贺、激励和宣扬情操等功能。闽北古村落建筑中常常悬挂匾额和楹联，其书写字体有篆书、隶书、楷书、魏碑、行书等，其中不乏一些大师名家的手笔，作品精妙大气，有很强的艺术性和收藏价值。

匾额和楹联实际上都是一种文化的载体，渲染着一种文化氛围，为门庭增添精神意蕴，使建筑更加感人，人们在鉴赏建筑装饰上的匾额和楹联内容时，也享受到书法的艺术美。匾额和楹联的文字装饰主要有三种形式，一是以单字作为装饰；二是有两到四个字的文字组合；三是多字的楹联。

匾额和楹联作为闽北古民居的一种装饰形式，将文字、书法与建筑融合一起，字数不多，却可一览无遗地将特点寓意、建筑意境、屋主祈愿表达出来，凸显中华书法艺术的神韵与魅力（图 4–39）。

闽北古建筑中的匾额和楹联多用阴刻、阳刻以及浮雕等不同技法，字体风格不尽相同，有楷书、行书、隶书等。除了有装饰功能外，从其传达目的可以分为两大类。一是宣扬和传承家风、家训、家规等。下梅邹氏家祠门楼两侧的砖雕上刻有“木本”“水源”四个大字，旨在告诉子孙后代要缅怀先祖开基创业之功德，勿敢忘本。二是为家族扬名立威。如峡阳百忍堂入门两侧梁枋上的“出将”“入相”四字以及镇上多有民居屏风饰有“加官”“进爵”的字样，均为期盼后代能够努力进取、多出文武人才之意。三是颂扬祝贺之意。如峡阳镇下马坪民居中的

图 4–39　古宅影壁上镶嵌着采用彩塑工艺制作的匾额和楹联

图 4–40　“泽似川流”匾额

图 4–41　“持己端方”匾额

图 4–42　洞宫村古民居刻有“神荼、郁垒”大门
（图片来源网络）

“阆苑琼华”匾额，是当年为了庆贺骆太君六十大寿而造，是颂扬骆太君犹如王母娘娘美丽端庄，品格高尚。四是激励子孙后代。在横坑村黄氏民宅柱子上挂有一副木刻楹联“做白屋公卿千秋颚荐还资志气得先声，修青云器业万里鹏程原籍经书为振羽”，代表人们的美好理想和崇尚儒雅的君子作风。在邵武桂林乡杨名坊村吴氏家庙厅堂中有“泽似川流”“持己端方”的匾额，“泽似川流”是在歌颂祖先的恩泽像河水一样源源不断恩赐给后代（图 4–40），“持己端方”是在歌颂受匾人品行端正、严于律己，为他人做出表率（图 4–41）。五为抒发情感，表现超凡脱俗的志向。和平镇廖氏大夫第门头上挂有一副题为“奇柏尽含千古秀，异兰奇香四时春”的楷书楹联，作品通过对兰花柏树的赞美来抒发对自然的热爱，同时也表达出宅主超凡脱俗的志趣。六是以文字替代图像。在政和、周宁一带的民居两扇大门上常常刻有“神荼”“郁

垒”四个大字，其功能与门神类似，有驱鬼治魔的功效（图 4–42）。

闽北古村落民居建筑匾额和楹联中的书法通常出自地方名人之手，匾额的形态常常为长方形，也有为展开书画手卷形，称为“书卷额”，还有一种形状像树叶被称为“叶形额”。这些匾额形态灵活、曲线优美。文字装饰增加了建筑的文化韵味，使得民居的主题突出，提高建筑的美学价值。

六、以几何纹样类为主的装饰题材

闽北古民居常常选用几何纹样进行多部位装饰，既简单，又明快，常用的几何纹样有方胜纹、龟背纹、风车纹、连环纹、香印纹、密环纹、罗地龟纹、盘长纹、云纹、回纹、绳纹和圆形纹、菱形纹、S 形纹、米字纹、方旌纹等，其适应于任何工艺和构件装饰，工匠发挥聪明才智进行奇妙构思，使其富于变化，展示节奏美、韵律美，提高审美艺术价值。

闽北古民居建筑装饰砖雕艺术几何纹样采用直线、折线、曲线等造型语言，多寓“吉祥”之意，追求形式美和数字观念。万字符号源于佛教，“卍”为梵文，有吉祥、幸福、光明和神圣的含义。“回纹”多以二方连续的传统形式出现于砖雕作品的边缘装饰上；“如意纹”以渐变或螺旋线组合方式来装饰美化砖雕作品。和平古镇的廖氏大夫第建于清同治年间，宅主为朝议大夫、四品广东候补通判廖玉堂。整个建筑为前院后屋式格局，宅院整体构架粗犷豪放，建筑装饰独特。宅院内外墙体借用江南园林“墙上开洞”的方式，开设多个造型独特的漏窗和洞窗，有长方式、六方式、宝鼎式、汉瓶式等，洞窗用青砖直接砌合而成，而漏窗则是在青砖上绘刻出相关纹饰后，再采用二方连续和四方连续的排列方式拼砌而成。这里的漏窗纹饰线条较为粗短，有些纹饰略带欧式风格，与广东地区古民居漏窗极为相近，是当地融入外来装饰文化的具体表现。

第五节　闽北古村落传统建筑装饰的造型与构图

一、建筑装饰的造型

1. 以图案为主的造型表现方式

闽北古民居建筑装饰常以图案化形式来表现，这在“三雕”中尤为明显。图案的优点是不受自然规律制约，表现方式比较自由，可以通过艺术表现手法对现实生活中的事物形象进行概括取舍，重新布局，把其最典型特征表现出来。因此事物图案的造型都是圆润饱满、装饰性强的美好形象，从未见到以残花败叶作图案装饰的。闽北古民居建筑装饰中“三雕”图案呈现出两种明显的艺术特征。第一是从明代末期到清代早期也就是雍正朝，这段时间建筑装饰图案纹饰表现得精巧秀丽，构图也比较疏朗。第二是从乾隆以后，这段时期，闽北古民居建筑装饰图案纹饰的艺术风格由秀丽逐渐演变成繁缛，其构图严谨工细，纹饰密布。

几何形纹饰和一些植物花卉纹饰在闽北古民居艺术形态中大多是二方连续和四方连续式的表现形式。比如在民居大门门头的几何纹饰中，常常运用一个几何图案反复出现，形成四方连续的方式组成一个完整的窗格扇。如果是花边的使用，就会用一个几何形纹，以二方连续方式反复出现而组成，表达人们祈愿喜庆和幸福的美好心愿（图 4–43）。

2. 以绘画为主的造型表现方式

中国工笔画在宋朝达到鼎盛时期，被视为绘画艺术的正统，备受推崇。在闽北古民居建筑装饰中就借鉴国画的造型表现方式，运用了写实的表现手法，把物象通过刻刀的“线”和“面”表现出来，借以传达情感，这种外师造化、中得心源高度概括提炼的表现手法，使闽北古民居建筑装饰中“三雕”图案表现得更加秀逸温雅，使得物象纹饰更加完美，并且极富中国绘画神韵和民族风格（图 4–44）。

图 4–43　几何形纹饰砖雕

二、建筑装饰的构图

装饰纹样中好的构图给人以美观舒适的感受。它是人们对物体从多方面由表及里、去粗取精而获得的完整艺术形象，具有丰富稳定的艺术特点，因而构图对于一个艺术品来说是至关重要的。构图即“经营位置”，是作者在已经选择好的题材中融入自己的思想和情感，通过一定的表现手法，形成一个完整的画面。建筑装饰构图与纸本绘画构图有类似之处，但略有差别，其差别在于平面与立体之分。建筑纹饰构图是指纹饰图案在建筑构件上的布局形式。古民居建筑构件都为立体的，其装饰图案根据构件所处的位置进行不同的构图设计。这就要求工匠要有全局观念，要根据建筑构件的外形合理安排纹饰的构图，从而使观赏者无论从哪一个角度、从哪一个侧面来观察，画面均是和谐均衡的，无破碎感。通过对现有资料进行分析比较发现，根据不同的建筑构件，传统上分别有五种不同的构图方式：单式构图、重叠式构图、绘画式构图、开光式构图和分面式构图。工匠根据实际情况择优选用，以恰到好处地展现建筑构件中的纹饰美。

图 4-44　以绘画为主的木雕作品

1. 单式构图

单式构图是将单独物体放置在一个稳定的空间中，这种构图方式常常出现在闽北古民居大厅中，比如在前厅太师壁高处悬挂牌匾，周围无其他物体进行装饰，整个牌匾处在视觉的中央位置，显得稳重而庄严，这属于单式构图。

2. 重叠式构图

在闽北古村落中，一些大户人家或者名门望族祠堂的门头纹饰都是由数层图案组合而成。从墙角到屋檐，层层装饰，构图繁密，少则四五层，多则十余层，在排列过程中也注重主次的安排，一般在中间的部分纹饰尤为精彩，上下两端仅装饰一些辅助图案，使之形成一种对比，这样既可丰富纹饰内容，避免主体纹饰烦冗，又使主次分明，富于层次变化。这种立体多层次重叠式装饰方式使得主体纹饰尤为突出，给受众以变化、节奏、韵律感。

3. 绘画式构图

由于画坛的繁荣，闽北古民居建筑装饰纹样表现方法多种多样，且很多借鉴中国传统绘画表现方法。这种绘画表现形式常常被运用到木雕和彩绘上，其构图特点与中国传统绘画有着极大的相似性，主要分为折枝式、整枝式、半景式三种构图形式。

折枝式构图的主要特征是所表现花卉较为简单，层次不多，或折一花数叶置于画面中心，或截取数花数条从画面一旁出枝，画面少陪衬物象，也少有一些添缀虫鸟（图 4–45）。

整枝式构图是以几枝花卉作为画面主体，着重刻画，配上禽鸟，内容较为丰富。整个花卉的枝叶或前后向背，或曲直俯仰，或纵深层叠。如荷塘翠鸟木雕花板，取荷杆由上至下呈现出“S”形的走向构图，形成一种动势，再加上荷花弧形取向和荷叶波浪式的外形，整个画面呈现出运动美，荷叶、荷花、水草相互交错穿插，一只翠鸟落在荷杆上，另一只腾空飞翔，两只翠鸟相视鸣叫，一派动态美景，

图 4–45　以“松竹”为主题折枝式构图漆板

图 4–46　以“荷塘翠鸟”为主题整枝式构图木雕花板

图 4-47 以“山水”为主题半景式构图漆板

图 4-48 “三国故事”木雕花板

给画面带来勃勃生机。整枝式构图十分注重“势”的表现，“势”在绘画构图中代表方向，使画面充满一种内在的生命力，并烘托出一种生机盎然的气氛，更重要的是借助对“势”的布局和描绘，作者得以尽情抒发自己满腔的情怀，因此后人亦可从莲花纹的“势”中窥视出绘画者当初创作时的思想情感（图 4-46）。

半景式构图通常以山水为主，在画面的近景加入石块或者坡岸，这种构图主题明确，所绘坡石，唯在衬托，形象、颜色的安排都为山水主题而设。整个画面虚实相生，空间之外皆为妙境，有怡然自在的艺术感召力，这种构图的作品给人以主次分明、画意完美之感（图 4-47）。

此外，人物形纹饰在闽北古民居艺术形态中大都在文学故事、名人逸事、戏曲唱本的题材作品中出现，也有在以民俗风情、宗教神话、民间传说、三国故事等为题材的建筑雕刻作品中出现（图 4-48）。如“二十四孝”“文丞武将”“渔樵耕读”“民俗风情”“福禄寿星”等题材的构图中，这些人物形的题材构图汲取了建安版画和其他类型艺术题材的内容、形式和技法，就是说这些人物形的雕刻构思与构图可以在其他类型的艺术技法上找到共通之处。

4. 开光式构图

“开光”一词为工艺美术名词术语。在陶瓷中，“开光”指在器物的主要部位，以曲直长短线型勾勒出圆形、方形、菱形、元宝形、叶子形等各种不同形状的栏框，犹如在器物表面形成一个窗口，在开光窗口内描绘花纹，使主体纹饰突出，层次更加丰富。开光式构图可以把原本相连的图案通过开光的形式把它分开，变为单个的个体；又能通过边缘的图案或色彩把原本分开的图案组合在一起，形成一个系列的整体，富含美学特征。闽北古民居门头砖雕纹饰经常使用到开光装饰手法，通常在同一个门罩中会出现二、四、八处整套的此类图形，一方面使主体雕刻更加突出，另一方面也使整个门饰的层次更加分明。这种构图方式既能将原本很难联系在一起的事物进行巧妙的组合，又能保留其相对独立的情感表达，形成各种不同的节奏韵律，产生奇妙的表现效果，拓展作品的表现空间，引发观者心理共鸣（图 4–49）。

5. 分面式构图

分面装饰构图方式与被装饰器物的外形有直接联系，它是根据建筑构件的外形把其分为不同的几个面，再以单个面为单位进行装饰的，每一个面上绘制不同的内容，但表现的手法相同，面与面之间形成统一的整体。如兴贤书院的八边形木柱础，分为上中下三层，每个面的图案既相对独立，又相互联系呼应，形成统一的整体（图 4–50）。

第六节　闽北古村落传统建筑装饰的审美观和文化意象

建筑与装饰紧密相连，相辅相成。从某种意义来说，建筑制约了装饰风格，装饰风格也为建筑增添了勃勃生机。由于独特地域环境和生活条件的影响，闽北具有多样化的宗教文化、传统习俗和思想意识，从而也让闽北建筑装饰具有多样化的文化内涵。装饰的产生与发展是以人类文明进步为基础，并深深地打上民族和地域的烙印，文化的传承使其愈加明显，闽北古村落的建筑装饰内容与类型强烈地折射出地方文化的身影，表现地方性与迁徙性相融合的特质和多元文化性格的特征，综合反映在古村落建筑装饰精彩的艺术作品之中。装饰形态不是生活的自然形态，也不是构成艺术那样的纯理性形态，它是人们在长期生活实践中对自然形态深刻认识和理解基础上创造的审美形态。

闽北古村落民居建筑装饰中，图案的造型有绘画性和装饰性两大类。绘画性图案主要是以相关物象为本体，对其进行重塑；而装饰性图案则通过夸张美化的

图 4-49　开光式构图砖雕门头

图 4-50　分面式构图木雕柱础

手法，增强对象的美感和趣味性。无论是绘画性还是装饰性，都采用对称与均衡、对比与统一、节奏与韵律等美学法则。将相关的物象融入其中，并以点、线、面的构成手法进行组合，使得建筑装饰作品的层次更为丰富和灵动。闽北古民居建筑装饰图案还十分注重线条的运用。工匠利用纯熟的刀法将线条的粗与细、曲与直、虚与实、转折与顿挫、节奏与韵律等表现得淋漓尽致，使建筑雕刻作品展现出独具魅力的艺术风貌。例如，不少门楼墙檐下砖雕斗拱的纹饰就很有代表性，其斗为方形，拱为弧形。弧形拱上依形就势刻满了各式各样写意变形花卉纹饰，柔美的线条流畅自如，极富律动感，曲线与直线形成鲜明的对比，形成曲中有直、直中有曲、刚柔相济的视觉效果。整个斗拱别具一格，形式独特，层次分明，稳定而不失动感，庄重而不显呆板。

闽北古民居建筑装饰图案还十分注重构图和整体布局。儒家历来讲究“执两用中”的意旨，这种思想也被广泛运用到现实生活中。古民居大都采用中轴对称布局的形式，作为依附于建筑的砖雕作品，基本上也采用成组对称布局的形式，但同组砖雕作品在内容题材和表现形式上却不尽相同。门楼砖雕往往还根据装饰部位的不同，呈独幅式和连续式的构图形式，以长方形、正方形、圆形以及各式各样的异形进行穿插组合，使得门楼装饰既布局统一，又富有变化，这种表现形式体现了古代工匠卓越的造型、刻绘能力和对文化、审美的深刻理解。我国幅员辽阔，各地区自然环境和风俗人情不同，地域文化的传承也有较大差异，因此各地建筑装饰也呈现出不同的风格特征。总体来说，以京津、晋中地区为代表的北方雕绘工艺纯熟，风格朴实，造型较为粗犷；而以苏州、徽州为代表的南方雕绘手法多样，造型精致，层次感强，呈现出秀丽雅致、精巧细腻的美学特征。闽北位于福建北部，与江西、浙江接壤，基于地缘因素，其建筑的整体布局和装饰表现基本沿袭婺源和徽州的风格，雕绘作品表现形式大多以缜密、繁复、细腻、严谨的结构和富有装饰趣味性为主。

建筑装饰是指在满足居住功能的前提下，运用雕刻、绘画、陈设等艺术手段对其进行美化，以满足户主感官上的愉悦，也借以传递他们的理想追求和审美趋向。和平古镇作为福建境内目前保存较好的明清建筑群落之一，这里的砖雕历史悠久，题材丰富，刻工精湛，风格多样，它不仅体现出和平古镇往日的繁荣，承载着闽北地区悠久的历史文脉，同时也为后人留下了一笔宝贵的艺术财富。

建瓯党城村古民居汇集了大量明清两代雕刻艺术作品，这些作品形式多样，风格独特，内涵丰富，精美生辉，具有极高的美学价值。它们或是中国传统文化的再现，或是当地民俗的表达，或为独幅，或为系列，图案绚丽多彩、千变万化，造型典雅美观、精致细腻，工艺精湛娴熟、手法多变，体现出工匠卓越的艺术才华。建筑彩绘也是党城古民居建筑装饰中一道亮丽的风景线，厅堂梁架和斗拱的精美雕刻多用矿物质色料施彩。运用绘画和雕刻相结合的装饰手法，是党城建筑装饰的一大特色，丰富了画面的表现力，使屋宇更加富丽堂皇，有的梁架斗拱彩绘历经两百余年鲜艳色彩仍不减当年。这些建筑装饰充分表现了党城先民独特的审美观和丰富的文化意象。在新时代背景下，对闽北古民居建筑装饰艺术的研究，能使我们正确认识其艺术特征和审美内涵，这对古民居历史文化遗产的保护、开发和利用具有重要意义。

一、祈祥纳福的装饰文化意象

在中国文化发展的历史长河中，祈祥纳福是人们生活中永恒不变的主题。《周易·系辞》中有“吉事有祥”的句子，说明吉祥的本意是美好的预兆。唐代的成玄英对《庄子·人间世》中“吉祥止止”注疏为“吉者，福善之事；祥者，嘉庆之征”。古往今来，人们对吉祥幸福有着无限追求和热切期盼，并逐渐成为人们的文化心理结构和思维模式，这种极富中华民族特色的吉祥意象在视觉传达方面渐趋呈现概念化、符号化和程式化发展之势。中国传统吉祥纹样的题材大部分来源于现实生活，将一些带有吉祥寓意的人物、植物、器物、祥禽瑞兽类和现实生活的场景通过比喻关联、寓意双关、谐音取意、传说附会等表现形式，巧妙地组合在一起，通过物化或艺术化来达到审美意识的追求，以满足人们对吉祥纳福的期盼，这一点也是传统建筑装饰纹样的共性。

邵武和平古镇民居建筑中人物类吉祥纹饰砖雕作品题材以福、禄、寿三仙居多。“恩魁”门头上有三幅砖雕，中间以“三星高照”为题材，两边各有一幅“麻姑献寿”图，每幅作品有三个人物形象，表现出屋主遵循中国文化中以“九”为大的传统礼制。作品采用高浮雕的刻绘技艺，人物表情生动，动态协调，并有正面、侧面之分，喻示幸福生活长长久久。和平古镇民居建筑中以植物类吉祥图案为主的砖雕作品最具代表性的当数黄氏大夫第门楼。该门楼为砖石结构，呈四柱三间牌坊式八字形，高挑的门楼双檐下镶嵌着层层叠叠的植物类砖雕，装饰繁缛，富丽堂皇。大门两侧依次分布着以松树、牡丹、蜡梅、翠竹等植物为装饰题材的四

图 4-51　黄氏大夫第门楼精美砖雕

组大型砖雕，喻示着“松鹤延年”“富贵长留”“竹报平安”“锦绣美满”的美好祝愿（图4–51），其中“富贵长留”“竹报平安”两幅作品四周还镶嵌着缠枝牡丹纹饰砖雕。还有象征吉祥福禄的花卉瓜果纹饰和佛教的“八吉祥”、道教的“暗八仙”，以及钟鼎古彝等组合在一起，表达出人们祈望吉祥幸福、家族昌盛的愿望。和平古镇民居建筑砖雕作品常用的祥禽瑞兽纹饰有龙、凤、马、鹿、鼠、鱼、麒麟、狮子、蝙蝠、仙鹤、锦鸡、喜鹊、鹌鹑等。这些纹饰通常采用谐音、假借手法，衍化出诸多的表现形式，如蝙蝠和寿字组成“五蝠捧寿”；用鹿、鹤组成“鹿鹤同春”；用老鼠和葡萄组成“老鼠偷葡萄”等。自古以来，龙的形象既是吉祥的寓意，又是王权的象征。李氏大夫第门楼题额上方左右两边砖雕图案上各刻有一只凤一条龙，奇特的是龙被安排在凤的下方，与传统的龙在上凤在下正好相反，这种排列布局在古建筑装饰中实属罕见，是典型的清同治年间产物，有着强烈的时代特征。

建瓯党城村古民居大量出现以蝙蝠、麒麟、凤凰、牡丹象征富贵吉祥，以松树、八仙、仙鹤喻示长寿美满的建筑雕刻作品。清朝武都尉叶琳故居的门厅方形石柱础上就有以荷花、祥云、松树等组成的“松鹤（荷）延年”主题图案，两边饰有佛教“八宝纹”，图案造型自然流畅，展示出圆满吉祥的民俗意象。作为一个古代河运中转集散地，当年党城村先民或多或少都在从事与贸易相关的商业活动，他们对商贾有着一份不同寻常的认同感，从商的经历使他们对金钱的追求更加坦然更为直接，于是以“招财进宝”“年年有余”“福在眼前”“早早得利”“刘海戏金蟾”“富贵长春” 等为题材的图案被广泛运用到建筑装饰中。由于“钱”与“前”谐音，而古钱方孔又称为“眼”，两者合称为“眼前”，蕴含财源汇集、近在眼前之意，所以党城先民都将天井里的排水口用石雕钱纹去装饰，体现了先民寓吉祥、祈幸福、盼发财的心理。

建瓯伍石山庄院落的建筑装饰艺术中祈求吉祥幸福的题材也非常广泛，有以“喜上眉梢”“福寿如意”“独占鳌头”“平升三级”“鲤鱼跳龙门”“鹿鹤同春”“八仙庆寿”“耄耋富贵”等为主题的装饰作品，这些作品或寓意福运绵长、年年有余，或象征子嗣繁盛、金玉满堂，或祝愿家业兴旺、步步高升，或祈求吉祥长寿、国泰民安。在山庄院落里有很多“垂花柱”，工匠采用深浮雕、浅浮雕、镂空雕、线刻等多种刻绘技艺将柱头雕刻成宫灯、花灯等多种形态，上部采用减地平级回纹和精美的卷草纹进行装饰，底部雕刻有硕大的铜钱纹，将“抬头见喜”

的寓意表现得淋漓尽致，这些精美“垂花柱”柱头将整个厅堂装饰得流光溢彩、富丽堂皇，也凸显庄主的豪气和阔绰。伍石山庄建筑装饰围绕“福、禄、寿、喜、财”五大主题进行表现，工匠以创新的表现手法把不同时空具有吉祥寓意的符号和物象巧妙地融为一体，以精湛的刻绘技艺呈现出繁丽精巧、熠熠生辉的艺术效果，渲染出吉祥喜庆气氛，真实传达出山庄主人对吉祥幸福追求的世俗理想。

二、生殖崇拜的装饰文化意象

生殖崇拜是人类文化发源的根系，同时也是吉祥图案产生的缘由之一。生殖崇拜不是某一民族某一地区独有的历史现象，它遍及世界各地。中国的儒家和道家思想，追溯根源皆源于此也。我国最早的诗歌总集《诗经》有云：“宜尔子孙，振振兮。”

中国人传统思想就十分重视家庭延续，秉承多子多福的习俗，在这种大的社会背景下，各阶层人们对生殖繁衍的欲望更加强烈，希望子孙后代能够人丁兴旺，繁衍生息，氏族强盛。显然这也是社会民众世俗心态的呼唤，当这种思想观念通过谐音、嵌字、符号、象征、比喻等表现手法在民间逐渐演化，就出现了许多与生殖繁衍主题意象相关的建筑装饰作品。在建瓯党城古民居的梁、架、斗拱、雀替、门窗等木质构件上多有“松鼠戏葡萄”“榴开百子”“葫芦万代”“葡萄百籽图”等图案，表示主人对生命的膜拜和对繁衍子嗣的重视；也有用“冲霄烛影夜长红，亘古桃园春不老”楹联和“并蒂莲”“因荷得藕”“和合二仙”“鸳鸯戏荷”等纹饰来喻示夫妻恩爱，阴阳交合，生命繁衍，家族兴旺。还有诸多以“麒麟送子”为题材的建筑装饰图案，在中国传统文化中，麒麟是祥瑞的象征，在《毛诗正义》中写道：“麟，麕身，牛尾，马足，黄色，员蹄，一角，角端有肉……不履生虫，不践生草，不群居，不侣行，不入陷阱，不罹罗网。”闽北古村落建筑装饰上经常会以“麟吐玉书”为主题进行创作，这是闽北先民对祈子、祝子的期盼和寄托，以及渴望盛世太平的美好意愿。

此外，还有“瓞蝶绵绵”“松鼠戏葡萄”等也同样是生殖主题的视觉符号（图4-52）。《诗经·大雅·文王之什》中有“绵绵瓜瓞，民之初生”之句。瓜类植物以其藤生多籽、易活易长的特点，给人以生命绵延、血脉相连的丰富联想，也寓意人们期盼传宗接代、子嗣繁盛、万代绵延、家族兴旺发达的世俗愿望。

闽北古民居门楣上常常会刻有“双狮戏球图”。雌雄双狮嬉戏中，狮毛缠裹，

图 4-52　“松鼠戏葡萄”木雕

滚而成球，便生出小狮子。在这些石雕中，狮子被刻画得鼻大口阔，四肢修长，头身比例夸张，雌雄双狮或蹲或立，或低头或斜脑，或嬉戏或张望，神态各异，憨态可掬，形象逗人，完全没有皇宫相府石狮那般威武华贵。朴素自然的手法传递出人们对生命繁衍、家族昌盛的期盼，体现出闽北乡间的村野风情。

三、寓教于美的装饰文化意象

古人善于运用“寓教于美”的形式赋予雕刻艺术作品以惩恶扬善的社会功能，揭示古代审美的伦理性本质。把审美的情感体验与道德伦理融合在一起，极具东方美学神韵，发人深省。

邵武和平古镇民居建筑砖雕是儒学思想的产物。屋主通过砖雕艺术表现形式标榜处世准则，借助其深刻寓意来规范后辈的行为意识。李氏大夫第八字形门楼上有四幅“刀马人”砖雕作品，作品以《三国演义》中的“斩颜良”“华容道”“长坂坡”“博望坡”故事情节为题材，采用多种雕刻手法，把人物表情、衣饰胄甲、山石树木清晰地刻绘出来，使画面人物与景物相互衬托，人物之间相互呼应，形成虚实相生的视觉效果，具有很强的观赏性和可读性。“斩颜良”雕的是在官渡之战中关羽为了报答曹操的恩情，大战颜良的战斗场景，关羽的形象被安排在画面左上角，挥舞着青龙偃月刀，身体前倾、身穿盔甲的颜良却策马逃窜，动态十足，人物和战斗场景被表现得惟妙惟肖、生动传神。“二十四孝”砖雕作品是表现儒学文化的“孝”，其中作品“乳姑不怠”刻绘得尤为精致细腻，画面布局合理，人物之间的关系生动具体，神情逼真，情景动人，左边是媳妇在用乳汁孝养年老的婆婆，右边是嗷嗷待哺的小儿，反差强烈，画面感人至深，折射出屋主崇尚中

图 4–53　“乳姑不怠”木雕刻绘得形象生动

图 4–54　“莲花纹饰”砖雕

国传统文化中“忠”“信”“义”“孝”的儒学思想，具有极高的艺术价值及教化功能（图 4–53）。

古人根据植物的生长规律和外形特征，赋予其崇德慕贤、追求君子之道的内涵。荷花具有品行清廉的寓意，李氏大夫第门头刻有大量的莲花纹饰，有一处砖雕莲花尤为精致。整个纹饰采用写实的表现手法，运用浅浮雕、深浮雕、半圆雕、减地与镂空等多种雕刻技艺，由浅入深，由表及里，层层推进，很好地表现出荷花横向生长的态势，有强烈的立体感和意趣性（图 4–54）。郎官第门头上有两扇砖雕窗花刻绘着大量元宝纹饰，其中夹杂着梅花图案，喻示苦尽甘来之意，也起到教化子孙的作用。有些屋主常用琴棋书画、文房四宝等为装饰题材。廖氏宗祠的门楼上就有几组器物类砖雕，作品运用深浮雕、线刻的表现技法，画面中高矮不一的博古架上放置各类宝瓶，穿插琴棋书画、文房四宝等纹饰，通过绸带将图案连接在一起，寓意博古通今，志趣高雅。

四、劝学重教的装饰文化意象

闽北素有“闽邦邹鲁”和“道南理窟”之称，理学大师朱熹在此生活了50余年，他所构筑的新儒学体系为世人景仰，致使这里文风鼎盛，人才辈出。闽北虽是以农耕为中心，但这里的人们仰慕儒风，重视读圣贤之书。“贾而好儒”之风在党城村尤为盛行。现存“理学渊源行紫阳，人缨奕礼叨丹陛”“辰谷文章旧迹垂，传家俭德宗风古”石雕门联和“道继紫阳”牌匾就是很好的佐证。其木雕作品常出现“挑灯夜读”“拜师求艺”“程门立雪”“朱子授学图”等带有劝学重教文化意象的装饰图案，其目的在于实现对后代的精神教化，也展露房主对教育的重视，对子孙后辈寄予殷切希望。右文书院讲堂墙面上，至今还完整保留着清朝咸丰年间绘制的四幅水墨壁画，其内容分别为“蜡梅寒鸦”“夜莺栖松”“一路莲科”“梧桐锦鸡”（图4–55）。这些作品疏密相间，造型严谨，笔墨流畅，具有很强的装

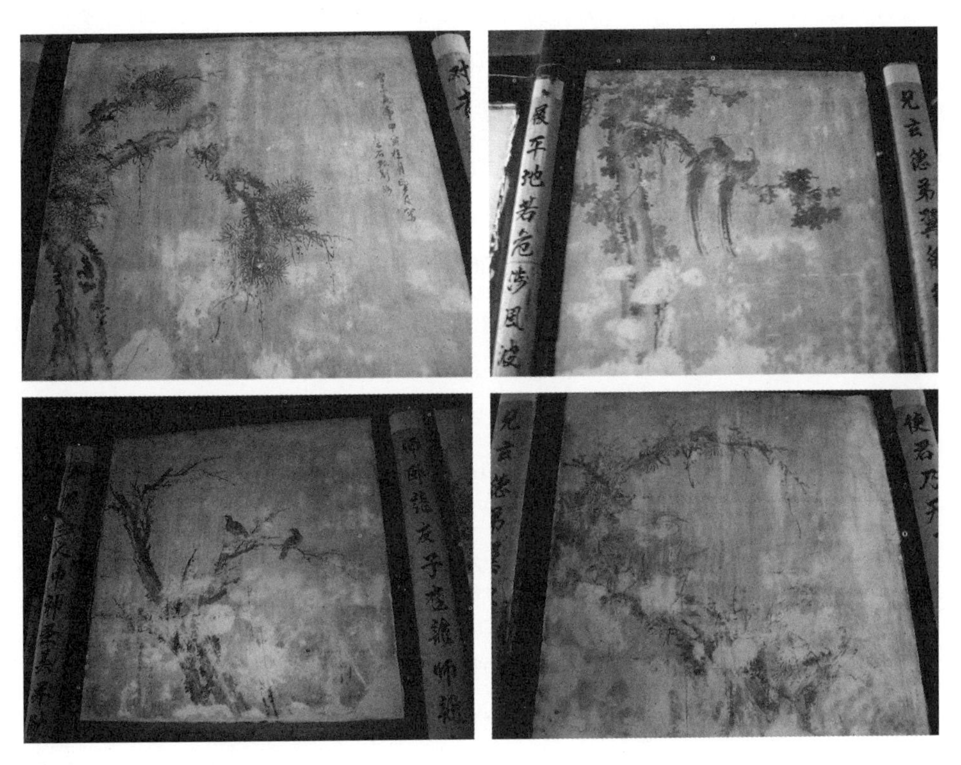

图4–55　右文书院水墨壁画

饰性，蕴含深刻寓意。画师将寒窗苦读和科举及第之间的关系形象地表现出来，其宣扬劝学重教的功能比装饰功能更为凸显，体现了党城先民对文化的热爱和对理学的尊崇。

清代重科举，通过科举弘扬汉文化，所以十分流行由鹭、莲花、芦苇组成的“一路连科”的装饰图案，“鹭”与“路”同音，“莲”与“连”同音，芦苇之“芦”与“路”谐音。以谐音“连科”取意，寓意应试连捷，仕途顺遂，用来祝愿那些学子金榜题名，高中榜首。莲花和白鹭的组合除了“一路连科”外，还有另一种寓意，就是“一路清廉”，也警示他们要为官清正，廉洁奉公，造福一方，使政权安稳，百姓安居乐业。

五、忠孝仁义的装饰文化意象

随着经济不断繁荣，财富不断积累，闽北先民渐渐将“忠、孝、礼、义”这一传统儒学融入商业贸易和现实生活中。党城村码头至今还保留着一座临溪门坊，门坊上镶嵌着一块刻有“君子乡”三字的砖雕匾额。“君子乡”三字不仅向往来的人们传达党城是君子之乡，有良好经商之道和社会秩序，也有效地引导乡里乡外民众自觉按照儒家思想来规范行为，其教化功能不言而喻。

闽北古民居建筑装饰艺术中还有许多诸如“岳母刺字”“苏武牧羊”“二十四孝图”“桃园三结义”等题材的作品，通过它来宣扬精忠报国、孝悌忠信和礼义廉耻的儒教思想。在武夷山下梅邹氏家祠的大厅正堂有四扇木雕鎏金门，雕刻着我国传统孝道的二十四个经典故事，幅幅精巧细致，传神入化，其涉及的人物上自帝王，下至平民百姓，虞舜、汉文帝、曾参、闵损、仲由、董永、郯子、江革、陆绩、唐夫人、吴猛、王祥、郭巨、杨香、朱寿昌、庾黔娄、老莱子、蔡顺、黄香、姜诗、王褒、丁兰、孟宗、黄庭坚二十四人的孝行，序而诗之，用训童蒙。在闽北一些古村落里的关帝庙梁架上至今还留有三副忠义色彩浓重的楹联：“忠义昭天地，盛灵贯古今”“志在春秋功在汉，心凌日月气凌霄”“赤面符赤心赤兔追风千里难忘赤帝，青人说青史青龙偃月存心不负青天”，字里行间散发着强烈的封建忠义伦理思想。

建瓯市历史悠久，文风鼎盛，为全国罕见的孔朱并祠的理学名城，是朱熹少年思想启蒙地、青年举贡地、后裔世居地，是朱府、朱庙、朱学所在地，是全世界朱子后裔的精神家园。朱熹的理学思想是继孔孟伊洛之正宗儒学，所以这里的建筑雕饰处处散发着儒家理学的文化底蕴，并成为规范世人行为、教化大众道德伦理观念的重要媒介。

竹子是一种具有东方传统文化意象的植物，儒家对竹有一种朴素原发的“比德”思想，将其化身为君子，成为君子完美道德人格的象征，在中华传统文化中跻身于“四君子”和“岁寒三友”之列。朱熹更是将竹的猗、茂、修、节等特点与学问道德相比对，并把它和治学修身联系起来，其蕴含清高拔俗的意味和至上的伦理道德象征。闽北盛产竹子，竹纹样常常被运用到民居建筑的撑拱、门窗、栏杆以及山墙的彩绘中。在伍石山庄风火墙的墀头上有两幅藏诗竹画彩绘，诗词中的文字全由竹叶拼合而成，竹叶造型比自然形态略显得宽而短。左边的一竿，竹竿弯曲如弓，竹叶向左出锋，犹如被狂风吹拂之状，因而取名为“风竹”；右边的一竿，竹竿挺拔有力，竹叶上圆下尖向下低垂，像是被暴雨淋浇之状，被称为“雨竹”。竹叶构成一首五言诗：“不谢东君意，丹青独立名。莫嫌孤叶淡，终久不凋零。”（图 4–56）这首诗实为三国时期关羽所作的《关帝诗竹》，诗中的“东君”指曹操，“丹青独立名”喻他自己的忠贞不渝，后两句则是表白他对刘备的赤胆忠心。朱子理学“礼、义、仁、智、信”五常讲的是为人处世的原则，文臣武将既要讲究礼仪，更要信奉忠义。工匠以竹子为媒介进行彩绘创作，有意识地把竹叶进行组合，巧妙地将文字融入其中，通过精美的造型和创意的构思，将儒家“忠君”思想凸显出来，达到“成教化、助人伦”的目的。

图 4–56　“关帝诗竹图”彩绘

中国礼制建筑的起源是从儒家礼制思想引发而来的。“礼”与“孝”在中国古代作为治理国家、安定社会、理顺阶级次序的一种统治思想而出现。“礼”与“孝”紧密相连，“孝”是“礼”的文化内涵，“礼”是“孝”的具体表现，“礼”与“孝”在普通民众心中是对崇高信仰的寄托和对伦理道德的遵循。伍石山庄院落前厅太师壁左右门上方设有神龛，左侧为“神格”，龛内供奉各路神灵仙佛，右侧为“祖享”，龛里放置祖先神牌，是整个山庄院落里神圣、圣洁之所。神龛作为建筑独立的构件呈竖长方形，为开放式，无龛门，整体由老杉木精雕细刻制作而成，其外层的花罩采用浮雕、透雕、线刻等工艺，将蝙蝠纹、飘带纹、莲花纹、卷草纹融为一体，花罩上下镶嵌多片带有人物、花卉或太极八卦图案纹饰的绦环漆板。神龛内设置两根立柱，柱上有两层共六根月梁，左右两边的月梁成 45° 夹角与外层花罩连成一体，在梁与柱连接处设有带卷草纹的花牙子，花牙子是一种轻型的雀替，神龛中的花牙子长度为 8 厘米左右，厚度为 2 厘米，有效增强神龛的厚重和层次感。神龛采用榫卯安装连接的做法，用构件拼接而成。基于礼制，神龛通体以朱漆上色，局部采用贴金工艺进行点缀，整体呈现金碧辉煌、流光溢彩的艺术效果，与院落其他不施彩的建筑构件形成鲜明的对比，对人视觉形成心理和生理刺激。神龛不单是院落建筑结构的附丽，还是人与神灵和祖先进行交流的场所，是实现天、地、人相通的重要媒介，表达人们对生命、世界的质朴理解和美好憧憬（图 4–57）。这里的神龛采用高规格的营造手法，体现对祖先和神灵的尊崇和敬畏，这种信仰和崇拜实际上是将儒家文化的“礼”融入建筑装饰的“器”中，形成以器载道的形式，凸显山庄主人对儒学礼法的恪守和尊崇，表现出中国传统儒家文化强大的向心力与凝聚力（图 4–58）。

六、闲情雅致的装饰文化意象

儒家的入世哲学，就是通过读书实现超越阶级的终极目标，这成为中国历代知识分子追求人生、实现价值的最佳选择。和平古镇地处闽赣交界，在古代是江西入闽的重要通道，很多中原移民迁到这里，其中不乏一些书香门第出身、家学渊源深厚的名儒大宦，使得这里历来读书之风炽盛，求取功名意识强烈。据史料记载，这里曾走出 137 名进士，有祖孙三代“一门四大夫”、祖孙四代“一门九大夫”的名门望族。这些文人墨客常常将闲情雅致的审美情趣融合到建筑装饰中，使其与古镇中的青瓦白墙、庭园草木、深街幽巷相互映衬，融为一体。透过这些

图 4-57 闽北古民居正厅的神龛

图 4-58 表达对祖先的怀念

图 4-59　精美的鱼纹砖雕

图 4–60　以“根艺摆件”为题材的砖雕

作品我们能够解读出古镇先民们的生活情趣、思维方式和美学尺度。“鲤鱼跳龙门”是中国装饰图案的传统题材。唐朝李白在《与韩荆州书》中写道：“一登龙门，则声誉十倍。”体现的是一种进取的精神和幸运的象征。在和平古镇“司马第”的门头上有四幅“鲤鱼跳龙门”的砖雕作品，与其他地方同样题材的砖雕作品不同。这些作品中没有威严的龙门，只是将肥硕的鱼、虾、蟹进行自由组合，丰满的构图彰显出富贵气象，整个砖雕图案犹如水族馆里的场景，充满闲情雅致的生活情趣，每幅作品都暗藏“鱼化龙”的造型，昭示出屋主积极进取的精神，体现出古代工匠高超的刻绘技艺和屋主独特的审美格调（图 4–59）。

根艺是一种奇巧结合、天人合一的独特造型艺术，是将充满自然美的根材进行形态加工，创造出多姿多彩的艺术形象，其强调的是神似形态和内涵意蕴，所以为历代文人所喜爱。和平古镇砖雕作品中出现了大量以根艺花瓶、根艺笔筒和其他根艺摆件为题材的砖雕图案。李氏大夫第门头上有多幅“平升三级”砖雕，原本常见的直颈、圆腹形的宝瓶被造型古拙的根雕花瓶所替代，再配饰花草、奇石，整个图案既蕴含深刻的吉祥寓意，又表现出朴实的诗情画意，显现出与众不同的视觉效果（图 4–60）。

菊是花中“四君子”之一，宋代周敦颐在《爱莲说》中写道：“予谓菊，花之隐逸者也。”在闽北古民居的门头砖雕上有大量的菊花纹样，如邵武和平古镇黄氏大夫第的门楼匾额上通景图就是一组约 3 米长的四方连续的缠枝菊纹砖雕作品，整个纹饰缠绕绵绵，首尾相连，并以蝴蝶、蜻蜓等乡间常见的昆虫和鸟雀纹样点缀其中，表现出主人隐居于此，尽享田野生活的审美风情，同时也营造出一派闲情灵透、志趣雅逸的意境。除此之外，门楼上还有大量的诸如高山流水、茅舍竹篱、亭台楼阁、渔船小桥等砖雕作品，其中还饰有人物，这些作品营造出一种诗情画意的空间氛围，传达出屋主闲情雅致的生活状态。

七、家庭和睦的装饰文化意象

建筑的最初本意就是能让人静心养气、安身立命，使人的生活和精神有所依托。古语曰："宅者，人之本。"古民居作为人们生活繁衍的居所，具有凝聚血缘亲情、巩固伦理感情的功能，其间都以"亲亲""尊尊"为主导。《中庸》云："仁者人也，亲亲为大；义者宜也，尊贤为大。亲亲之杀，尊贤之等，礼所生也。"这里的"尊尊"反映和维护了伦理政治生活中的等级差异，它引导人们各安其位、各守其分，表现为"礼别异"；"亲亲"反映和维护了伦理政治生活中的血缘情感，它引导人们慈友孝悌、和乐相亲，表现为"乐同和"。儒家认为，只有遵循"亲亲""尊尊"才能表现以仁爱、尊长、敬贤、守礼为内容的社会秩序，实现社会家庭和乐相亲且等级分明的理想社会。

柱础俗称磉盘，中国古代建筑构件的一种。伍石山庄各院落中柱础的造型样式丰富，有单层、两层、多层柱础，常见有四边形、六边形、八边形、圆鼓形，还有一些为复合型柱础。在制作工艺上采用深浮雕、浅浮雕、镂雕、圆雕、线刻等雕刻技法，将现实生活中的物象及传统吉祥纹样进行融合，呈现出形式多样、雕刻细腻、题材丰富、风格迥异的装饰特色。伍石山庄柱础安放位置遵循儒家"礼"文化规矩，雕工精美的柱础一般被放置在天井及前厅两侧等院落要冲之地，而厢房内多采用素面的方形或圆鼓形柱础。在山庄 1 号院的大厅檐柱下有一对造型独特的柱础，整体呈八边形，中间束腰，分上下两层，上层刻绘成两层楼阁的造型，外凸的屋檐将其上下分开，下层用檐柱造型分割开来，前后对应分别刻绘花卉图案和人物形象，两幅花卉图案的雕刻是由盆景样式的吉祥花卉和宝瓶组成，喻示着幸福美满。柱础中两幅作品以"家和万事兴"为主题，画面场景都设定在挂着灯笼硕大梁架的屋宇中，其中一幅雕刻着两位头戴瓜皮圆帽、身穿马褂长袍、手持长烟袋的富家兄弟，在闹完别扭后，老母亲在中间用手拉扯着他们进行沟通和

图 4-61　以“家和万事兴”为主题的石雕柱础

撮合，化解他们的矛盾，兄弟俩相向的面孔与相反方向扭转的身躯在动态上形成强烈的对比，从中表现出母亲劝说已经起到作用，两兄弟将重归于好。另一幅是表现婆婆和媳妇产生争执时，家中老太爷站在她们中间对她们进行劝说安抚，从而有效化解婆媳之间的家庭矛盾。作品以维护家族的稳定与秩序为主题，充分体现儒家所提倡“尊尊”“亲亲”的“家和万事兴”的精神内核。两幅作品中人物表情神态生动传神，动态曲线优美舒适，服饰刻绘流畅自然，画面繁简得当，不乏幽默情趣。工匠将具象的写实纹饰和抽象的图案装饰相结合，将人物形与神的特点惟妙惟肖地展示出来，很好地凸显装饰题材背后所蕴含的丰富的象征意义（图 4-61）。

此外，在山庄院落里有一些隔扇门裙板木雕作品，以人物、动植物为主题来表达家庭和睦的意象。以荷花和螃蟹为主体，外加上水鸟、水草等组合成“荷蟹图”，传达出“和谐”主题；以笑容可掬的寒山、拾得两位高僧为原型，他们一手持荷叶莲花，一手持宝盒，通过谐音取名“和合二仙”，喻示家庭团结和睦、百年好合的美好愿望。这些作品通过谐音取意的精巧构思来体现人们对家庭幸福美满生活的向往与追求，也赋予山庄浓郁的生活气息。

第七节　闽北其他因素对传统建筑装饰艺术的影响

一、雄厚的经济实力成就了建筑雕刻的辉煌

建筑作为丰富的历史文化信息的载体，必然受当时经济与文化的发展水平的影响。闽北古民居中精美的建筑装饰是先民热爱生活、祈求幸福的物化体现，凝结着他们的文化品位和生活观念，并通过其反映所处的生活环境及社会经济发展状况。

闽北生态环境优良，孕育了众多优质茗茶，是中国重要的茶叶产区，有乌龙茶、红茶、白茶等，这些茶类的品质俱佳。在宋代著名的北苑贡茶便产自这里，宋徽宗赵佶在《大观茶论》中说："本朝之兴，岁修建溪之贡，尤团凤饼，名冠天下。"诗人陆游在《建安雪》中高度评价"建溪官茶天下绝"，可见闽北茶在古代中国有着辉煌的历史。据史料记载，武夷山、建瓯、建阳、政和等一带茶商利用当地特有的自然生态环境，大规模开垦茶园、种植茶树、加工茶叶、置办茶庄，并通过陆路、水路将茶叶销往全国各地，甚至远销欧洲。他们凭借多年的诚信经营和聪明才智，赢得了许多外地茶商的信任，特别是武夷山下梅村的邹氏与山西晋商的贸易来往密切，作为晋商万里茶路第一站，下梅曾经有着辉煌的历史。清雍正年间下梅邹氏兄弟就与晋商常氏结为商业盟友，每年都有大量的茶叶经过下梅集运转销出去。他们将一部分茶叶通过水路、陆路运抵山西再经过张家口、归化、库仑直到俄罗斯恰克图，另一部分则运往福州、广州、澳门，再通过海运销往印度、英国等地。建瓯的伍氏将茶叶销售到江西、浙江、上海、广州等地，获得广州十三行洋商首富伍秉鉴的信任，他们通过茶叶种植、加工、流通、贸易一体化营商策略，成为闽北一带有名的茶商，实现了资本的原始积累，成为当地的富商巨贾，于是大兴土木建造府邸，这为民居建筑的兴造、装饰的盛行、文化的发展提供了坚强的物质基础，这些古民居的崛起与闽北茶叶的繁荣发展有着密切关系。

二、浓郁的礼乐风尚孕育了建筑雕刻丰富的文化内涵

闽北是福建最早开发地之一，早在唐代，这里学术氛围日渐浓厚，中原文化、吴越文化、荆楚文化在此交汇融合。到了南宋，朱熹在此论道讲学数十载，他在继承和发展孔孟思想的基础上吸收了佛道思想和其他学术学派思想，建立起内容丰富、体系完备的新儒学思想文化体系。当代著名学者蔡尚思教授曾题诗赞叹："东

周出孔丘，南宋有朱熹。中国古文化，泰山与武夷。”儒家学说渗入每个闽北人的思想之中，儒家伦理道德观成为他们的行事准则，无论选择仕途之路、从贾经商还是农耕，都十分重视读圣贤之书。同时武夷山以其独特的自然风光为历代文人墨客所钟爱，他们满怀激情、咏歌吟唱、作诗品茗，体现出对自然热爱的“乐”感文化。在这种礼乐风尚氛围的影响下，闽北的先民有意识地将“仁、义、礼、智、信”的观念和“明德、修身、正心、诚意、致知、齐家、治国、平天下”的教义，以及一些祈福思想通过艺术手法转化为具体的图案，并运用到民居建筑雕刻艺术中就不足为奇，我们可以从闽北众多古民居建筑雕刻中找到这一依存的思想基础。

作为富甲一方的商人，他们为家族成员提供安居乐业的居所，同时也想通过山庄庞大的规模和精美的装饰来彰显其雄厚的经济实力，为家族产业树起一块商业的金字招牌。中国封建社会“士农工商”等级秩序现象十分明显，尊儒重仕、崇农抑商的思想在国人心中根深蒂固，无论是统治阶级还是黎民百姓都对“士”与“农”有着天生的好感，认为他们是“良民”，所行为“正道”，而商人则被视为“重利轻义”的典型代表，其社会地位不高，居“五行之末”，商人无论是与乡亲交往，还是与商业伙伴合作，大家都会从内心中对其进行提防。伍石山庄的主人清楚地意识到这种等级秩序或多或少对家族的商贸产生负面影响，从而采用以“仁德”促“商贸”方法。山庄里多用以“忠”“信”“仁”“义”为主题的建筑装饰，以宣扬儒家正统思想，通过恪守儒学礼法来规范自己的商业行为，树立自己的商业理念，阐释商业信誉，塑造良贾形象，实现精神教化，为家族成员能够跻身于上流社会奠定坚实的基础。可以说闽北古民居建筑装饰的题材内容与形式都反映出主人希望通过仁义礼智、孝悌忠信的中国传统儒学思想来促进家族产业的发展，同时也成为激励子孙的“教科书”，体现出其亦商亦儒的文化心态。闽北先民历来仰慕儒风，所行之事都遵从儒家伦理道德规范。伍石山庄主人虽从贾经商，但其内心里却深深烙下儒家思想的印记。

三、精湛卓越的手工艺促进建筑装饰艺术的发展

古代闽北是中原汉人入闽的最初驻足地，大量的农民、工匠通过这里迁入福建，他们带来了先进的生产工具和耕作技术，使得武夷山农业和手工业有了长足的发展。建筑雕刻与雕版印刷近根近源，有着深远的渊源关系，距离武夷山不远的建阳区麻沙镇在宋代曾经是全国雕版印刷三大中心之一，这里版印刻书“肇于

五代，绵亘于前清”，刻书印业兴盛之风延续六百多年（图 4–62）。《书林佳话》中记载：“宋刻书之盛，首推闽中，而闽中尤以建安为最。”建本图书最鲜明的特点之一就是图文并茂，郑振铎先生曾讲道：“可以看得出建安版的书，总是以有插图为其特色之一的。”

在建本发展的过程中，涌现出很多如熊莲泉、熊宗立、熊冲宇、熊龙峰、刘次泉、刘素明、刘玉明、余象斗、余彰德、余泗泉等天才型的木刻名家，此外还有郑、杨、叶、詹等数十家坊肆，他们基本上以师徒传承为主，有些甚至为父子、兄弟，以家族的形式进行建本的创作，他们的技艺有着清晰的脉传。很多刻工名匠有到金陵、武林等江南版印中心交流学习的经历，他们带回了先进的刻绘技艺和多样化的表现手法，他们的作品中有一股内在的质朴和雄强气质，构图灵巧，表现方式变化多端，画面得当，层次分明，极具意境，他们为中国传统文化的薪火相传贡献出毕生精力。这势必对闽北建筑雕刻工艺产生深远的影响。技艺高超的工匠，灵活借鉴雕版印刷技法，根据不同材质，运用精湛的刻绘工艺，采用最直接的方式把人们喜闻乐见的题材表现得淋漓尽致，传达出主人的吉祥意愿和美好向往，大大丰富了作品艺术表现力和感染力。从而使后人能从造型上感悟到其中的美学趣味、价值观念、精神感情（图 4–63）。

四、以“融合”创“经典”

闽北古代教育萌芽于西晋，唐五代为发展期，两宋进入兴盛期，元明清继续向前发展。很多学子通过科举获得功名在外为官，告老还乡后在家乡兴建宅院安享晚年，他们年轻时常年的异乡生活，使他们接受外地的上层精英文化，形成独特的审美体验，不仅表现在诗书论著中，同样也呈现在乡村的规划设计和民居建筑装饰中。与此同时，贸易的发展有效促进文化的交流和融合，闽北商人常年在外从事茶叶、木材、农产品等贸易，亲身体验异域的特色文化，在建筑审美情趣方面也得到升华。这些人多年在外或为官，或求学，或经商，或游历，生活经历使得他们在归乡时总会或多或少地将异乡的民俗、文化以及艺术表现形式捎带回家，并将其运用到宅院的装饰上，这也使得闽北古民居建筑装饰在特征和表现手法上，既保持本土文化艺术精髓，又融入中原异乡的装饰特色，形成多样化装饰风格相融合的艺术特色。

同治三年（1864 年），闽北著名茶商伍玉灿北上邀请当时江浙造园名家对山

图 4-62　“天官赐福”建本雕刻

图 4-63　“天官赐福”砖雕

庄进行整体规划设计，将徽派建筑风格、江浙园林装饰特点及闽北民居地方特色进行巧妙融合，许多特色建筑材料经陆路水道辗转运来，同时重金聘请许多闽南及本地能工巧匠修建山庄，这些工匠将毕生所学技艺创新性地运用到山庄的营建中，在建筑装饰手法上创新，在装饰题材选择上创新，尤其是在装饰立意上创新，这种创新设计使山庄中的木雕、石雕、砖雕、彩绘等建筑装饰形式和观念得到拓展，为宏伟的伍石山庄注入血肉，锻造了精魂，实现了以“融合”创“经典”的壮举，成就了闽北众多古民居的辉煌。

邵武和平古镇的廖氏大夫第建于清同治年间，宅主为朝议大夫、四品广东候补通判廖玉堂。整个建筑为前院后屋式格局，宅院整体构架粗犷豪放，建筑装饰独特。宅院内外墙体借用江南园林“墙上开洞”的方式，开设多个造型独特的漏窗和洞窗，有长方式、六方式、宝鼎式、汉瓶式等，洞窗用青砖直接砌合而成，而漏窗则是在青砖上绘刻出相关纹饰后，再采用二方连续和四方连续的排列方式拼砌而成。漏窗纹饰线条较为粗短，有些纹饰略带欧式风格，这与广东地区古民居漏窗极为相近，是地方建筑融入外来装饰文化的具体表现。

第五章 闽北古村落传统建筑的保护与利用

近年来，传统村落保护已成为多数人的共识。古村落的本质就是历史遗留下来的“活文物”，是地方特色文化传承的载体，其包含的内容十分丰富，有物质文化遗产和非物质文化遗产，它们共同构建起古村落的文化体系。物质文化遗产又称为“有形文化遗产”，根据《保护世界文化和自然遗产公约》，物质文化遗产包括历史文物、历史建筑、人类文化遗址等内容。闽北古村落物质载体包括古民居、古街巷、古书院、古宗祠、古牌坊、古庙宇、古戏台、古廊桥、古塔、古井、古树木、古水塘等，同时也涵盖雕刻彩绘、书法碑刻、铭文家谱以及村民的生产劳作工具等。非物质文化遗产以民俗风情和手工技艺为代表，包括戏曲表演、音乐舞蹈、民间美术、加工技艺、民俗礼仪、节日庆典、祖传医术及有关自然界和宇宙的知识与实践。

随着乡村振兴战略不断推进和落实，各级政府对古村落的保护更加重视。为了加大古村落的保护力度，各级政府要编制古村落保护与发展规划，做到科学有序地对古村落进行保护；要在充分调研了解传统村落历史文化遗产的基础上，对古村落保护控制范围进行划定；通过对村落的物质文化遗产调查，了解其现状，发现每栋建筑存在的或可能发生的问题，提前做好预防措施；在保护过程中提倡在不会破坏建筑的情况下，尽量使大部分的建筑得到使用；采用修旧如旧的手法进行加固或改造部分建筑的内部结构，延缓建筑的老化；重现当地传统民居特色，对聚落的修缮与发展需要保持历史性的村庄布局，不破坏历史的街巷肌理与环境的协调关系，进而体现闽北古村落的整体风貌和特色。

一、保护古村落整体格局

古村落遗产资源十分丰富，其包括自然地貌、文化遗迹、古建筑及古树名木等。闽北古村落的营建十分讲究，多采用“天人合一”的规划理念。古村落常常“依山傍水”“左青龙，右白虎，前朱雀，后玄武”，其脉络生态清晰，与周边的自然环境形成统一的整体；村落古街巷的整体格局及水系河道与古村落紧密相连形成完整体系，没有这些主体线条，古村落就失去了血肉与生机，其整体格局和脉络遭受破坏，整个古村落就缺乏原有的灵性与活力。

二、保护古村落遗产资源文化

当前，闽北许多古村落遗产资源均遭到不同程度的拆、盗等人为破坏，少有完整保存下来的。保护古村落成为迫在眉睫的伟大民生工程。古建筑作为村落重要的组成部分是居民栖息生活之所，他们对房屋有着深厚的感情，不少居民因无力保护被迫搬离古宅而另辟新居。政府要采取“筑巢引凤”的形式，加快对古建的维修，留住居民，为村落的发展奠定坚实基础。古村落历经数百年的发展，已形成各具特色的民俗文化，如果不加以保护，将很快销声匿迹，只有保护好古村落民俗文化及其传承人等核心元素，才能体现出古村落的地方特色及完整性，才是真正意义上保护古村落。

“保护为主、抢救第一、合理利用、加强管理”是我国保护物质文化遗产的基本方针，要全面落实、统筹规划、因地制宜、分类指导、突出重点、分步实施。要处理好发展经济与保护文化遗产的关系，坚持依法和科学保护，坚持保护文化遗产的真实性和完整性，闽北遗存的特色古民居保护需要政府协同民间共同参与、整体规划，开展抢救性保护工作。

对传统村落保护，应注重古建筑的修复维护，以原真性作为古建筑修复的重要原则，力争使用原有材料，并采用可逆性技术，对一些破损的建筑装饰按照原有的样式进行修复，达到修旧如旧的效果。在建筑的保护与整治中要尽量使用旧建筑材料。对于建筑构件的修复也有严格的要求，那些工艺精细、特色鲜明的构件不允许替换，只能在原有的基础上按照传统工艺进行修补；残损的构件经修补后仍能使用的不要更换；要防止一些现代的材料和工艺对原有的古建筑产生破坏。要对古建筑的生活基础设施进行改造，使其更加适合原住民生活需求，同时在保证原有生活状态的前提下，有选择性地引进文化创意类产业项，为古村落注入生机和活力。

保护传统村落重在保护村落的文化特色，特别是对拥有价值高、意义大的历史文化资源的古村落及周边密切相关的村落，除了开展调查、认识、挖掘其自然生态和人文资源外，更要注重保护规划的落实，并在合理利用中提升。注重整合村落的历史生态环境、空间格局特点、历史文化信息、古建筑特色等进行合理定位，制订发展规划，在保护的基础上充分利用现有资源，开发旅游产业并做大做强。以非物质文化遗产传承保护为手段，通过延续和发展非物质文化遗产的空间线索，采用加入创意产业的方式，将传统村落非遗保护与乡村振兴紧密结合，给传统村落注入新活力，带来新发展，实现保护、发展与利用的双赢。

三、保护古村落产权人的权益

随着经济社会的不断发展，国内很多村落出现严重老年化现象，很多村落只有老人留守在家，成为名副其实的“空心村”。在很多村民的眼里，破败的老房子没有价值，缺乏保护意识，少数居民虽有保护意识，但由于经济能力有限，只能望村兴叹。针对这种情况，政府要积极引导，并争取上级的项目经费进行有效投入，以带动村民参与创业的积极性。古村落的产权比较复杂，有的属于公房，有的为个人或家族所有，有的一栋房屋由几家人共同所有。在进行古村落物质及文化资源保护的同时，要注意理顺关系，化解矛盾，要将产权人的利益放在优先考虑的位置，做好思想工作，要让产权人了解保护的意义和他们所能获得的权益，让产权人认识到村落保护与他们个人及家庭的发展是息息相关的，从而提高他们保护的积极性及主动性。没有产权人的支持，古村落保护是难以持续实施的。

四、走综合发展保护之路

文人对于历史文化资源的挖掘和整理是村落文化得以认识和保护的重要途径。通过文人对古村落文化的深入梳理和研究，让有些不易为人理解或者被人遗忘的特色文化焕发出新的生机，这不仅对古村落的宣传起到积极的作用，也是针对村民进行乡村特色文化的普及，这些研究成果为古村落申报历史文化名村项目奠定坚实的基础。

利用宣传媒介保存文化遗产是文化保护和传承的重要方式之一。通过纪录片、宣传片、短视频将闽北古村落的物质文化遗产和非物质文化遗产等特色文化记录下来，加大力度进行宣传，不仅能够提高古村落的知名度，吸引社会各界人士前往参观考察，使更多的群体了解闽北古村落传统文化的丰富内涵；而且还能够营造保护闽北古村落遗产的良好氛围，提升村民对传统文化的保护意识，为村落的保护奠定坚实的基础。

闽北古村落的保护更重要的是要利用古村落的特色开发乡村旅游。充分依靠古村落所处农村的地理环境、自然资源、民俗文化，通过旅游给村民带来的经济效益，使村民真正认识古村落保护的意义之所在，村民愿意整理宅院，清洁环境卫生，清洗砖雕门楼，将年份久远的木雕床、石雕鱼缸、花架、石凳、座椅、匾额、捷报都保存起来用以在旅游开发中供游客参观。五夫古镇里一些有眼光的村民将修缮后的民居改造成为乡村民俗博物馆，打造成民俗文化旅游景点，开发文化旅游项目，这样，民众直接参与经营管理，有利于管护资金的补充，有利于民俗文化传承，古村落的保护由原来的政府主导逐渐转化为村民自动自觉的行为，使得古村落的保护真正步入良性发展的轨道。

闽北古民居建筑文化是闽北历史文化的重要组成部分，传承地域特有的人文精神、价值观念、审美情趣和思维方式，是当地先民在漫长的历史长河中沉淀出的智慧结晶，是留给后人的宝贵财富，保护闽北古村落文化遗产对促进闽北再造和谐美好家园有着重要意义。

案例一：五夫古村落保护与利用

五夫镇自古便有“邹鲁渊源”的美誉，是国家历史文化名镇，晋代就出有蒋姓朝官五大夫，“五夫”之名也由此而来。至宋代五夫进入鼎盛时期，名人学者云集，工商士农繁荣。理学先儒胡安国、抗金名将吴玠、一代词圣柳永等都是五夫人。朱熹在此地创办朱子理学，使五夫成为研究理学的重要基地。

近年来，五夫镇着力打造朱子文化旅游的开发，推进武夷山文旅融合发展。对有着千年历史的兴贤古街进行修复，对部分文物古建进行修复布展。修缮主要从治理古街的环境入手，以复原的方式对街面的道路进行修整，对沟渠进行清理，将古街原有纵横交错的电线电缆进行“三线下地”处理，使街面更加整洁，更符合消防要求。此外，对古街周边的自然环境也进行有效整治，这不仅给古街居民营造了一个更舒适整洁的生活环境，也提高了五夫古镇的整体形象（图 5-1）。

古街是五夫镇历史遗迹最为集中的地方，有朱熹讲学立说的兴贤书院，有济灾救荒的朱子社仓，有感受朱子跫音的朱子巷，以及刘氏宗祠、连氏节孝坊、过街牌坊、五贤井、七星桥、百岁坊等众多文物古迹，为更好地保护古建，留住历史，在修缮的过程中聘请有资质的古建修复企业，在专家的指导下，采用“以旧做旧”的原则，做到不用水泥、不用瓷砖、不用铝合金、不用琉璃瓦的“四不”原则，坚持用传统材料、传统工艺、传统设计来修复，保留其原有历史风貌（图 5-2）。兴贤书院是“胡氏五贤”之一的胡安国建造的，朱熹曾在此求学和讲学传道五十载，是最能体现朱熹与恩师胡宪等“胡氏五贤”渊源关系的见证。在这次修缮中只替换了一些腐烂的建筑构件，同时根据史料，对书院进行了布置，将书院简介、学规学约、理学格言、朱熹和恩师胡宪的书信往来、文学交流的遗存及胡氏五贤的理学著作做了展示。

图 5-1　五夫古镇紫阳楼周边景观

图 5-2　修复中的古民居

对朱子社仓的修缮主要是对原有被破坏的供纳粮的

图 5-3　院落改造为民俗文化博物馆

图 5-4　古民居改造为咖啡厅

村民休息用的凉亭进行重建，增加了文化展板、陈列室和朱子社仓仓规，同时将收集到的一些鼓风车、蓑衣、耕犁、量具等进行展示，主要是向游客展示社仓功能、社仓仓规，让游客很好地感受五夫社仓的历史文化。

通过修复古建筑，守住“根”与“魂”，让朱子文化看得见。在五夫镇长大的姜立煌系武夷山朱子文化发展有限公司员工，从事朱子文化的研究、讲解，出于对当地文化的热爱和保护，他自费修葺了镇里的几间古厝，创建“民俗文化博物馆”，用于展示朱子留存下来的各类仪礼、习俗、诗文等当地非遗文化财富，为讲好“五夫故事”尽心尽力（图5-3）。对于公共古建，武夷山五夫旅游公司聘请文化协管员、文物保护员，负责对文物进行日常维护和管理。同时引进旅游文创项目，开发“诸子窑”“五夫龙鱼戏”“朱熹IP”“朱子家宴”“朱子敬师礼”“兴贤书院文创”“拓印文创”等形式多样的旅游文创产品，还开办了籍溪草堂理学文化馆。五夫里30号古民居一改传统做法，将文艺、小清新、小资这些属于城里人的追求引入乡村，创办了“五夫咖啡屋”，整体装饰风格质朴却不失个性，非常符合现代年轻人的审美情趣，特别适合“下乡”的城里人。让参观者在乡村游览的同时又能够驻足停留，在感受到“独特”与“新奇”的同时，体会到改造者的初衷（图5-4）。

推进五夫朱子文化旅游向纵深化发展，不仅有助于古镇的保护，而且有助于优化旅游结构和提升旅游品质，吸引更多中高端游客，把五夫古村落朱子文化品牌打造得更加响亮。

案例二：漈下古村落保护与利用

福建宁德屏南县甘棠乡漈下村是中国历史文化名村、中国传统村落、戍台古村。古村坐落于屏南县南部文笔山南麓盆地之龙漈溪畔，海拔800余米，其背倚后门山，前对马鞍山，左引文笔峰，右傍洁霞岭，龙漈甘溪穿村而过，古村傍溪而建，前有双溪峡流，后有层峦叠嶂，天关地轴，罗城秀丽，屋舍俨然，整个古村落建筑呈“曰”字形布局。古村落于明正统二年（1437年）开基，至今已有580多年的历史，为古代宗法制度及涉台法缘古村落的典型代表，集村落文化、名人文化、武术文化、农耕文化、宗教文化、生态文化于一体，村民全部姓甘，属单一宗族型古村落。

漈下村的建筑呈明清风格，既有雕梁画栋之精美，又有江南水乡临水而居的情调，一幅“小桥流水人家”之景。村落营造和建筑风格以闽北乡土风格为基调，演进脉络清晰，融合了徽派和浙派建筑风格，是研究闽北山区传统村落营造和建筑风格演变的经典样本。古村墙垣环绕、街廊绵延、巷弄纵横，民居、祠堂、寺庙、城楼、桥、亭、驿道等历史遗存一应俱全，总占地面积约8万平方米。在南漈下村的明代城楼上，仰瞻匾额所题的苍劲的“漈水安澜”四个大字，细品缓缓甘溪水流，感觉中水流墨韵，墨行水脉，“漈水安澜”写下了龙漈甘溪的水脉流态，跌水成漈，宕流水缓，流缓安澜，透出繁衍在这一带的甘姓子孙繁荣昌盛的奥秘。

古村落乡土文化特色浓厚，有浓厚的习武之风，戍台名将甘国宝的指虎画和民间习武器械石锁石蛋等存世。此外，以马氏仙姑信仰文化、红色文化为核心的非物质文化遗产传承良好，是闽台民间文化交流的重要平台。

2017 年福建省政府作出批复，原则同意《中国历史文化名村屏南县甘棠乡漈下村保护规划(2017—2030 年)》（以下简称《保护规划》），确定了漈下历史文化名村保护层次和范围。核心保护范围为北至羊踶道北端，南至漈下村委楼，东至环山路，西至兴文路，总用地面积 7.94 公顷。建设控制地带范围为核心保护范围以外，北至凌云寺，南至南山台，东至后门山原始森林边界，西至漈下大路，总用地面积 28.96 公顷。环境协调区范围为建设控制地带之外，北至文笔峰山脊线，南至黄坑北侧龙漈溪，东至后门山山脊线，西至马鞍山山脊线，总用地面积 154.34 公顷。同时政府组织对重要古建筑进行修缮，特别对于重点保护的建筑进行测绘、论证后提出维修方案，并请专业人员运用传统工艺和材料进行修复，对于其周边的违章建筑进行拆除，将原有景观进行还原，通过修复和清理后，将村落“聚宝桥”“飞来庙”“龙漈仙宫”“北门明代古城楼”“迎仙桥”“官厅厝”“峙国亭”“凌云寺”8 处独特的建筑合并为“漈下建筑群”，并成功获批全国重点文物保护单位。

《保护规划》是指导漈下历史文化名村保护、发展和管理的法定依据。按照规划对保护范围内不符合保护要求的用地和建设项目，要按照规划要求逐步调整。保护范围内的修缮改造、基础设施和旅游服务设施建设要严格按照《保护规划》要求进行。除新建、扩建必要的基础设施和公共服务设施外，核心保护范围内不得进行新建、扩建活动。建设控制地带内的新建建筑物、构筑物应当符合《保护规划》确定的建设控制要求，其造型、体量、色彩等要与所处的环境相协调。

漈下村传统民居开发利用可分成两部分，第一部分由政府有关部门负责实施，对村内破损濒危闲置荒废的民居进行修复和改造，包括位于人流量较大的村内街巷，面向村民和游客提供服务的公益性公共建筑的建设，如漈下村艺术中心和龙漈书院。第二部分由村民为主导，对自家的传统民居进行修复和改造成商业性公共建筑，包括处于村内核心区域或人流量较大的街巷中的民居改造为民宿、餐馆等，处于人流量较小，离村核心区域较远，将自家传统民居改造为客房和仓库等（图 5–5）。

近年来，漈下村推进村落文创计划，引进文创项目，漈下公益艺术教育中心由闲置的传统民居改造而成，并邀请专业美术教师进行绘画教学，为村民和游客构建绘画体验和画作售卖的公益服务平台（图 5–6）。漈下公益艺术教育中心是开放性的艺术教育机构，平日多以当地的老年人和儿童为主，节假日期间许多外来游客也乐于在此参观学习，公益艺术中心的门口廊道上多有进行绘画创作的游客。在发展乡村旅游的新潮中，漈下村甘氏大厝内的居民更有创意，他们收集了大量农耕时期的生产生活用品和纪念品，配以标签和注释，把自家的天井、厅堂、廊庑、厢房改造成文化展厅，用以展示漈下村的传统文化，通过展品的宣传，让游客对古村落的农耕文化有更直观的了解。

图 5–5　工人对古民居进行修复

图 5–6　漈下公益艺术教育中心（图片来源网络）

漈下村改造老宅十多栋，创办农民民宿、餐馆，将现代文明与传统文化相结合，使古老村庄焕发出新活力。漈下年接待游客 10 万人次以上，现在每天都有来自全国各地的游客慕名来到漈下村旅游学画，使得原本安静的山水重获生机，乡村文化旅游产业初具雏形。

案例三：巨口乡古村落保护与利用

巨口乡地处延平区东南部，东与宁德市古田县交界，南与樟湖镇相连，现巨口乡辖11个行政村：巨口村、馀庆村、谷园村、岭根村、九龙村、横坑村、上埔村、田溪村、半岭村、员垱洲村、村头村。九龙村系巨口乡第二大行政村，东与宁德市古田县黄田镇接壤，全村共有326户，现有人口1438人，村落占地面积8895平方米。九龙村海拔340多米，属亚热带季风气候，四季分明，雨量充沛，风景秀丽，四面青山环绕，巍峨耸立的笔架山连绵起伏，是一个天然屏障，千亩良田养育着祖祖辈辈生活在这块土地上辛勤的人们，一条小溪静静地流淌，向人们诉说着九龙村悠久的历史和动人的神话传说。

2018年，上海阮仪三城市遗产保护基金会与延平区政府合作启动了巨口计划，探索“保护遗产，振兴乡村”之路。举办“艺术唤醒乡村”活动，基金会邀请中法建筑遗产保护志愿者，将工作营地设在九龙村并首次挂牌开营。南平市延平巨口九龙村的土厝是以当地红土和木材及石材为原材料修建起来的，全村有土厝房100多座，其中300年以上的土厝有7座，400年以上的土厝有2座。土厝依山而建连绵百座，被誉为闽北的“小布达拉宫”。土厝以方形楼为主，外围夯土筑墙，厝内木板材质包括楼板、窗户、门。土厝民居风格独特，结构精巧，是一种节能、环保、低碳、老少宜居的民宅。墙体装饰既有徽式建筑特点，又有苏杭建筑的轻灵，凝聚着先人的智慧结晶，深受上海阮仪三城市遗产保护基金会的青睐。西交利物浦大学建筑系教授带领20多名中外本科生及研究生实地开展巨口传统村落调查测绘，为土厝古民居“建档立卡”。同年，艺术季还邀请4所艺术院校24位艺术家参与，完成驻地创作62件作品、8件借展作品。在艺术季期间，游客可以看到包括绘画、雕塑、装置、录像、摄影等视觉艺术作品展及音乐演出，还有建筑设计案例、综合设计等作品。除此之外，艺术季同期还在九龙村和上海两地组织多次公共活动和讲座。为了做好活动的接待工作，村委会把原有废旧的小学改造成为九龙客栈（图5-7），同时动员几户村民将自己家改造成为民宿，满足游客需求。

2019年，延平区巨口乡谷园村举办了“艺术激活乡村”创作活动，参与范围扩大到谷园、馀庆、岭根北坑等巨口全境，其间对古村落的民间建筑进行系统考察。邀请3所艺术设计院校12位国内外艺术家参与创作，本次活动共创作18件大型户外作品、62件小型作品，并在古厝、古村、青山绿水间长期保留；为了将这次活动推向纵深，还特地邀请了15位巨口籍乡土艺术家返乡创作20件作品；这些作品与2018年艺术季沉淀下来的42件作品一起，分享给每一位游客。此外，政府还动员村民将古厝交给“古厝生态银行”，让古厝迎来新的发展。艺术家在当地工匠、石匠、木匠指导带领下，用传统方式修缮古建筑，采用传统夯土工艺，修复民宅后墙、门前坡道石砌台阶，整理室内木屋构架等均保持原材料、原工艺、原风貌的修复方式。原本的村部，因年久失修变得破旧不堪（图5-8），为了将其盘活，村里在保留其原貌的同时进行重新装修，并将其打造成谷园红酒酿制与品鉴大厅，成为游客体验项目的场所，让破旧的村部财产又焕发新的生机，同时把当地特色产品宣传出去（图5-9）。

图5-7　废弃小学被改造为九龙客栈（图片来源网络）

图5-8　废弃的谷园村村部

图5-9　废弃村部改造为红酒坊

图 5-10　中国·延平乡村艺术季宣传海报（图片来源网络）

2020 年，延平区巨口乡馀庆村举办“艺术赋能乡村”活动，聘请 4 个艺术设计院校 19 位国内外艺术家参与驻地创作，有 12 件大型户外作品、13 件小型作品在古厝古村及青山绿水间长期保留。艺术季活动期间，除了驻地艺术品展览外，还配套举办乡村音乐节、乡村民宿论坛、“守道创艺”造物展、稻田艺术节、谷物美食展、乡村文创集市、乡村振兴成果展等，内容丰富，集中向游客展现传统文化与艺术在巨口乡村的美丽碰撞，以进一步探索传统古村落与艺术的有机结合，在推进乡村文旅、产业振兴向纵深发展上做文章，打造“不落幕的艺术季”，为传统村落赋能、为乡村振兴赋能、为机制创新赋能（图 5-10）。

作为闽北偏僻的乡村，巨口在政府的支持下，在上海阮仪三城市遗产保护基金会的策划下，成功申报 4 个国家传统村落、4 个省级传统村落，这些传统古村落依靠当地特色的自然环境和古建筑，以艺术为媒介，形成古建 + 艺术 + 旅游 + 农业 + 手工艺 + 文创等新经济形态，走出一条乡村振兴绿色发展之路。

“保护是手段，传承才是目的。通过举办艺术季，重焕乡村活力，但我们要唤醒的不仅仅是乡村，更是乡村的主体——村民。”艺术季并非艺术嘉年华，而是能嵌入历史、人文、自然的持久行动，只有发动村民广泛参与进来，才能为乡村振兴凝聚持久力量。

第六章　闽北古村落建筑装饰现代应用探索

第一节　闽北古村落旅游文化招贴的视觉表现

旅游是游客在旅游活动中对旅游地自然风光、人文景观进行亲身审美体验的休闲活动过程，是一种高雅文明的精神享受。在这个过程中，游客能够得到美的熏陶，能够亲身体验异域文化，使得身心愉悦，精神得到满足，情感得到寄托，欲望得到释放。作为设计师要深刻体察游客这一身心变化，敏锐捕捉具有地方特色的审美对象，从旅游地丰富多彩的自然风光、人文景观形象中获取具有地域形象代表性的元素，进行旅游文化招贴的创作。

近年来，旅游界越来越重视古村落的旅游文化形象推广，良好的旅游文化形象可以促进当地传统文化的传播，不仅能增加当地旅游产品的吸引力和竞争力，提高旅游经济效益，而且能够促进古村落文化的传承发展。对于旅游而言，“形象力”的竞争是市场竞争的主导形式之一。因此，在保护和传承旅游资源的同时，对旅游形象进行塑造具有举足轻重的作用。试想一个形象模糊不清的旅游地怎能吸引旅游客源？怎么能让游客产生难以忘怀的旅游经历，而日后再来呢？所以个性鲜明、亲切感人的旅游形象也是形成庞大旅游市场的一个重要源泉。

一、闽北乡村旅游文化招贴的现状

武夷山是一座著名的旅游城市，1999 年被联合国教科文组织评为世界自然文化双遗产地，自此，旅游业异军突起，旅游竞争力不断提升，并且带动周边县、市旅游业的发展，从而构建起以武夷山为中心，以南平市下属的十个县、市、区为主体的闽北旅游空间格局，形成相互带动、合力打造、共同发展的态势。

闽北位于福建北部，这里山岭耸峙、地势起伏、河流纵横，一个个有着鲜明地域特征的小乡村点缀在河谷与山间的小盆地之中，这些乡村生态环境优良，同时历经千年的嬗变和积淀，形成了丰富多彩、独具特色的原生性文化形态，这为乡村旅游文化发展提供了得天独厚的条件。近年来，为了做大做强旅游业，各级政府不断挖掘当地旅游资源，出台优惠政策，完善相关配套服务设施，并成功申报一批旅游名镇、名村，同时对它们进行有效整合和科学策划，重点发展朱子旅游文化、村落旅游文化、大圣旅游文化、闽越风情旅游、养生文化旅游、艺术文化旅游、茶文化旅游、竹文化旅游、酒文化旅游。同时媒体广告也闻风而动，一些带有乡村自然山水、人文景观之类的旅游文化招贴应运而生，旨在提升当地旅游形象。然而略加审视，会发现大部分旅游文化招贴只是将普通实景照片作为素材直接植入作品中，并配上简单文字罢了，整个画面显得机械呆板，缺乏真情实感，在塑造乡村特色旅游文化形象、展示独特地域文化以及引发游客情感升华等方面严重缺失。

二、乡村旅游文化招贴视觉表现的方法与途径

随着旅游业的发展和旅游文化品位的提升，旅游文化在国内呈现出逐渐升温的态势。旅游文化招贴是旅游地为了树立良好的形象、开拓市场、吸引旅游者而进行的一系列有关旅游产品的信息传递和沟通的媒介。乡村旅游文化招贴设计是复杂而艰难的创意思维及设计表现过程。其前期要对项目准确定位，在确定创意后，设计师要采用多种艺术表现手法不断强化客体形象，目的是通过图形、色彩以及版式编排来呈现诗意化的画面，达到“寓形、寓意、寓情”的审美效果，使游客产生心灵上的共鸣与认同，从而吸引他们前来观光旅游。

1.“形”的选取

地域特色是乡村旅游的生命和灵魂，村落特有的自然环境、历史遗迹、文学艺术和风俗民情是满足现代游客的审美需求、情感欲望和精神愉悦的重要条件，也为乡村旅游开发提供坚实的基础。

图形是招贴的主体，也是招贴最重要的内容，图形创造源于对自然形态的描述、加工、变化使其达到设计的要求，这一过程是艰难曲折的，不同程度地反映了设计者和产品的个性。招贴传播信息的特质，要求图形能够最大限度地拓展表

现空间，图形形象语言诱导力越强，招贴宣传效果越好。然而无论是直接的形象表达，还是以理服人，或是以情感人，抑或情理交融，都应该遵循以人为本的原则，要在充分了解和掌握受众文化心理和欣赏习惯的前提下进行，这才易于被受众所接纳，绝不能强调“自我意识”和“盲目追求形式美”，要牢牢把握住招贴主题这根弦，只有整体上从招贴总目标去策划，才能使设计航船永远不偏离航向。

受地理环境的影响，在闽北范围内的村落间，不仅自然风光各有特色，而且民俗风情、历史文化等方面存在较大的差异。例如，武夷山市城村为闽越王城遗址所在地；武夷山市五夫镇有着博大精深的朱子理学文化；建阳区麻沙镇为建本图书的发源地；政和县杨源乡有着悠久灿烂的鲤鱼文化；邵武市和平镇为国内保存最完整的城堡式古镇；延平区樟湖镇完整而原始的崇蛇习俗一直保留至今……，这些特色的文化资源正是发展闽北乡村文化旅游的宝贵财富，它们是乡村旅游形象定位策划的基础和前提条件，并为旅游文化招贴提供不可多得的创作素材，是吸引游客的制胜法宝。因此，在设计之前必须深入实地进行调研考察，以当地植被地貌、气候水文、历史传统、文化景观、民间习俗、经济基础、宗族家庭、人文传统等作为切入点，对当地旅游资源进行认真系统的分析和梳理，并做准确的定位，这样可以减少在设计过程中出现盲目性、随意性，避免在作品中出现不同村落旅游形象替代和背景资源争用的问题，真正体现出乡村旅游的原生性和独特性。

乡村旅游资源可以分为物化型和精神型。物化型资源主要包括村落中的古街、民居、祠堂、庙宇、书院、牌坊、廊桥、广场以及乡村外部依托的自然环境。对于这些物化型旅游资源，设计师要以独特的视角去寻找具有审美价值的鲜活物象，并获取其“原型”。在这个过程中，既要关注对象整体造型，也要兼顾其局部特征，通过独特的艺术视觉获取典型的形象，更可利用先进的摄影技术，通过特效拍摄技巧获取独特的影像效果。这些带有实证性和强烈视觉语言的影像将会大大激发设计师的创新思维，同时可根据需要采用强化、重复、反置设计手法，形成新的图形符号，从而设计出更富创意的图形。对于当地的民风习俗、历史人物、传说故事等精神型的旅游资源，设计师要在仔细阅读、深刻理解的基础上，选取最能表现创意主题的内容，之后让自己的心态尽情放松，让经验、智慧和创新精神引领思维尽情发散，这时在脑海中就会浮现出不同的创意画面，及时采用手绘形式将创意点固化，并予以不断修正、润色，从而获取内容丰富具体、造型独特新颖的“图式符号”。

对于旅游文化招贴而言，加入一些文案可以让游客更直接地了解相关景点的基本概况，让他们有更明确的选择。文案既是信息的表达，也是视觉表现的重要元素，其兼备图形和文字的双重功能以及独特的形式美，本身就富含本土文化基因与现代抽象元素，可以将其纳入“形”的范畴。闽北乡村旅游招贴的文案必须紧紧围绕作品创意主题，文案撰写要简洁明了、精辟独到，文案的语气、语境要和创意协调一致，也可以引用当地的一些经典诗词、名句，提升作品的文化内涵。作为“形”的构成元素，设计者根据招贴作品的主题，从字的形态、特征、笔画、结构与组织上进行设计，将文字重新表现出来，对这些文字采用个性化的表现手法对其进行合理组合和有效编排，充分展示招贴作品的个性和美感，为游客营造轻松愉悦的阅读环境，从而做到功能与艺术的完美结合。当然文案设计要注意其可读性、易读性，要让游客在最短的时间内读懂相关信息。

2.“意”的表达

意象是客观事物的形象与人的主观心灵交互融合而成的具有相应意蕴与情调的物象。在这里“意”指客体化的主体，“象”指主体化的客观物象，意象即是意与象彼此生效的两个方面的相融和契合，最终达到“以形写神、迁想妙得”的效果。

闽北古村落旅游文化招贴必须以当地特有的物象为基础，并对所选择的物象及其蕴藏的文化内涵做出明确界定，这是作品创作的前提条件。在设计过程中，设计师要选择具有地域特性的自然地理、历史文化和艺术文化等具象图形符号作为重要视觉元素引入招贴作品中，并采用多种表现手法，创作出更加清晰、准确的视觉图像，完成“意”的表达，使作品兼具创新性、艺术性、思想性和文化性。让游客能够清晰了解旅游地的特色自然风貌和文化形态，形成更为直接的视觉感知，促成作品与游客之间形成良性对话，从而达到宣传推广的目的。必须指出，在设计过程中要注意通过概念表达，即用人们熟知的具体物象去代替一些抽象的概念或修辞表达，将特定物象进行归纳、提炼，并通过夸张、变形、概括等艺术表现手法形成更具“意象化”的图形样式。“意象化”图形样式并不是直接将特定物象移植到作品中，而是融入设计师的主观情感，使作品超越时间、空间的限制，以达到“情理之中、意料之外”的设计效果。这样的作品在造型和立意上都会给游客留下深刻印象，引起更为强烈的探究欲望，从而达到意想不到的宣传效果。另外，从象征意义的层面来看，这样的意象图形符号能够更好地与游客视觉认知情感产生共鸣，引发更多美好的遐想。游客除了能够感受到形象的美感之外，还能体会到形象内在的意义延伸。以邵武和平古镇的旅游文化招贴为例，在深入了解和平古镇背景的前提下，作者选取和平古镇中具有代表性的建筑“和平书院”为形象元素。据史料记载，和平书院是闽北历史上创立最早的书院，曾培养出众多学者大儒。设计师在画面中选用一本厚实的古书，巧妙地将书本的投影处理成和平书院门楼的外形，在视觉上有着很大的差异，但在情感上又合情合理。整个作品形式语言简洁明了，却又自然、巧妙地用“意”的表现手法将古镇蕴含深厚的历史文化表现出来（图6–1）。无论是具象图形还是意象图形，最重要的是要能够在凸显特色地域文化形态前提下创造出新颖、简洁而富有创意的图形来展示和传递旅游信息，同时突破时空的界限，扩大艺术形象的容量，表达闽北古村落旅游地域意象。只有那些带有浓重地方特色文化色彩的图形语言，并将神韵意境融入现代的设计语言中，寻找到传统与现代的契合点，才能打造出符合游客的审美情趣，达到以形感人、以形寓意的传达效果。

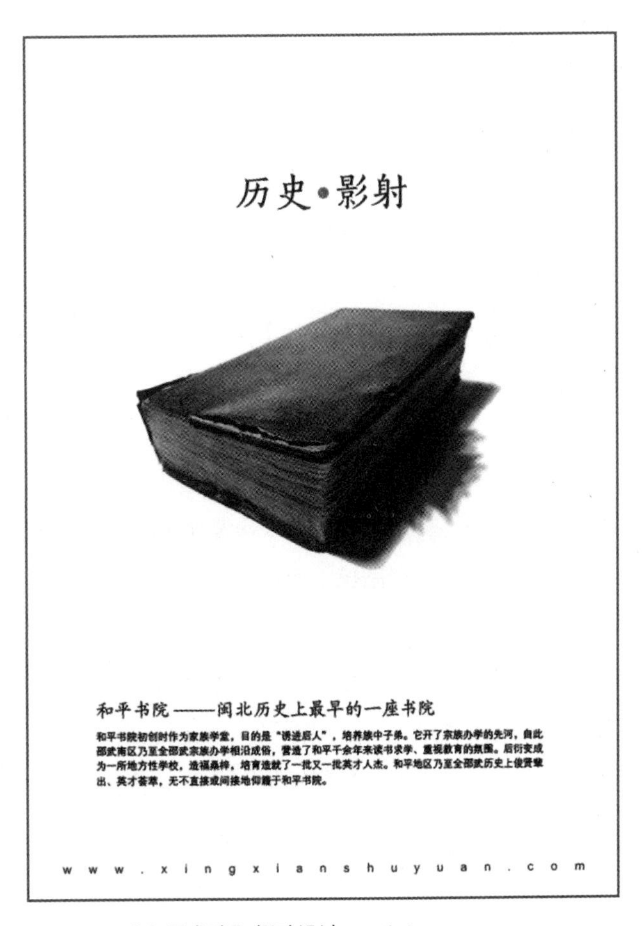

图6–1　“和平书院”招贴设计　林立

旅游文化招贴的设计其实是一个观察、感受、酝酿、表达的过程。中国古代的“象”指自然界中外在的具体物象，“意”指人内心抽象的意念即主观意识。“意”源于心，其借助“象”来表达，“象”

寄托着“意”的心思，于是“意象”就成了设计范畴中的一个常用语。随着人们思维的迁移，将诗论中“寓情于景”“借景抒情”“情景交融”等创作手法套用到招贴作品设计之中，使设计者心中的“意”寄托在一个选定的“象”之中，并融为一体，实现主观与客观的统一，从而使受众能从所设计的文化招贴中产生认识共鸣，进行联想，使旅游文化得以传播。

3.“情”的倾诉

美国广告大师罗宾斯基说：“我坚信一流的情感才能组成一流的广告。所以我每次在广告作品中注入强烈的感情，让消费者看后忘不了丢不开。”文化旅游是情感享受和陶冶情操的过程，游客不仅可以获取更广博的学识，还可以获得情感愉悦。闽北古村落旅游文化招贴为村落与游客之间架起一座情感的桥梁，在游客选择阶段和旅游过程中都起到重要的引导作用，它不仅能够带给游客身心上的愉悦，而且还肩负起宣传和传承当地特色文化的责任。设计师要将当地旅游资源转化为特色视觉符号，用富有诗意的画面去触动游客的情感，并在他们的心中留下深刻烙印，使其对当地特色文化产生认同感，只有这样才能唤起游客的思想共鸣，使旅游文化招贴的创意具有更深邃的精神内涵和情感表现。

当然，追求古村落旅游文化招贴设计的文化认同，不是对传统文化的肤浅理解，不能将当地旅游文化元素进行简单重复的运用，也不可以单纯地追求形式美和自我意识的表现，必须要在了解和掌握游客的文化心理和审美趋向的基础上，通过图形、色彩、文字等相关构成要素，将情感融入设计作品中，赋予其新的生命力，同时要将传统文化、设计话语、审美特征的精髓自觉地引入闽北古村落旅游文化招贴的设计理念之中，有意识地挖掘地方文化的精华，使游客能从作品中获得身心的愉悦、精神的满足、欲望的释放，自然而然、潜移默化地接受特色文化的熏陶。延平区樟湖镇每月七月初七都有迎蛇习俗，成年男子都要四处捕捉活蛇交给“蛇爸”，七月初七这一天会集于蛇王庙，领取一条活蛇参加迎蛇活动。蛇王庙大殿为单檐歇山顶，穿斗式木构架，减柱造，面阔三间。大殿中藻井采用大量蛇和蝙蝠图案，凸显出深厚的闽越蛇文化遗风。樟湖蛇王庙为闽越人崇蛇的代表性文物，是“闽蛇崇拜民俗”的重要载体之一。作品《蛇王庙》运用情感融入的表现手法，以蛇王庙建筑作为主体，将蛇王夸张放大，缠绕在蛇王庙上，着力表现蛇王节热闹的景象，在画面中描绘船只在江上行驶的景象，以告诉人们蛇王节的迎蛇活动是为祈求外出船只平安，同时也昭示人类要与动物之间建立和谐、友好关系的朴素愿望，成为真正打动游客的情感元素（图6–2）。古村落旅游是一项休闲旅游活动，若在招贴作品中过多强调其功利性而忽视情感因素，反而会引起游客的猜疑和反感，宣传效果适得其反。闽北古村落旅游文化招贴情感设计要以游客的需求心理为诉求点，设计师要以游客为本展开设计思考，注重提升人的价值，尊重游客的自然需求和社会需求。要用象征、借喻、幽默的手法渲染和衬托主题，用充满浓厚情感的形式敲开游客的心扉。融入情感的作品不仅能够满足游客的精神需求，更容易拉近游客与旅游地之间的距离，作品也更具有“亲和力”，在深层面上体现出对游客的关怀和体贴。

图6–2　“延平·蛇王庙”招贴设计　周云

黑格尔在《美学》中的开篇指出：“艺术美是诉诸感觉、感情和想象的，它不属于思考的范围，对于艺术活动和艺术产品的了解需要不同于科学思考的一种功能。”闽北古村落旅游文化招贴蕴含大量的地方特色文化信息，能给人赏心悦目的感受，唤起人们的生活情趣和价值体验，而且将设计师的文化修养、思想情感和社会责任融入其中。为此在闽北古村落旅游文化招贴创作过程中，设计师要从艺术创造的角度出发，对作品中的图形、色彩、文字要素等进行艺术化的加工和处理，同时对设计对象进行深入的了解，并进行归纳和提炼，寻找出最能揭示主题深刻文化内涵的意象形式，通过艺术的表现手法营造作品的主题意境，使游客能够通过招贴去感受符号化形式所传达的艺术魅力及文化概念指向。在闽北古村落旅游文化招贴中，图形符号不仅具有自身的抽象表征，而且还通过设计元素的组合呈现出设计师的思想情感和表达意念，并将其融入整体传递的信息之中。

马斯洛在《动机与人格》一书中提出，人们具有自我实现的需要，那些具有创造力的天才是“受到大多数人未能在自身内部觉察出的内隐需要所激励”。旅游文化招贴承载着塑造宣传旅游地形象的重要使命。在旅游业高度发达的今天，更要注重作品的宣传效果。招贴要着力展现具有鲜明特色的地域历史文化，包括古建筑形态特征、精巧的建造工艺、精美的图案雕饰、引人入胜的神话传说以及各个不同历史时期的楹联、匾额、诗歌等。一幅好的招贴作品应该表现我们民族的精神、人民的智慧、优秀的人文历史，给人以真正意义的精神愉悦，产生令人神往的感受，使广大受众在体验招贴审美情趣的同时获得情感上的满足。闽北古村落旅游文化招贴设计过程，也是作者自我实现的过程，设计师要从“形”“意”“情”三方面对当地自然、文化资源进行筛选并对其进行有效整合，同时将自身的真挚情感融入其中，通过逻辑推理、创意设计形成意蕴深邃、有文化生命力的旅游文化招贴，让游客在观光游览的兴致中体验当地深邃的历史文化，获得美的享受和情感的共鸣，使作者在精神上达到自我实现的“高峰体验”，从而实现作者、受众目标的完美融合。必须指出闽北古村落旅游地的形象宣传作品不仅要有审美价值，更要具有很强的文化价值，尤其是要蕴含深厚的地方特色文化。正是这些地方特色文化才能够吸引异域游客前来参观探访。设计师要努力提高乡村旅游文化招贴的视觉表现力，利用招贴直观形象的优势有效升华古村落旅游文化形象，有效提升闽北古村落旅游品牌的市场号召力和辐射带动能力，促进当地旅游业的繁荣与发展。

三、下梅村旅游文化招贴

下梅村位于武夷山风景区以东 4 千米处，环境优美、历史悠久、人文荟萃。村里保存大量的清代古民居，其整体造型古朴、空间布局合理、建筑装饰精美，蕴含浓郁的地域文化气息。下梅村旅游文化招贴从下梅村现存的比较完整的邹氏家祠、镇国庙、闺秀楼、大夫第、参军第、儒学正堂、西水别业、隐士居和部分残留遗址百岁坊、万寿宫等提炼设计元素，也从特色显著的“下梅三雕”图形进行元素提取，以让人们更快速更清晰地了解下梅。

下梅村古村落旅游文化招贴《芭蕉门》选取下梅村“西水别业”古宅里的一道造型独特、纹样精致的“芭蕉门”为设计主体，对其外形进行提炼，在不改变其外形情况下，对其内部门、窗以及窗上纹饰进行美化。同时从“芭蕉门”里生长出一株郁郁葱葱的芭蕉树，嫩绿的叶片为整个画面增添了新的活力，给游客良好的直观感受。在色彩上，大胆地使用红和绿，大面积以灰色调为主，红色的屋檐提亮整个画面，由于面积较小，与绿色的搭配反而让人眼前一亮。绿色的过渡也比较讲究，暗部的绿是偏蓝色的绿，亮部绿偏黄，添加橙色为环境色（图 6–3）。

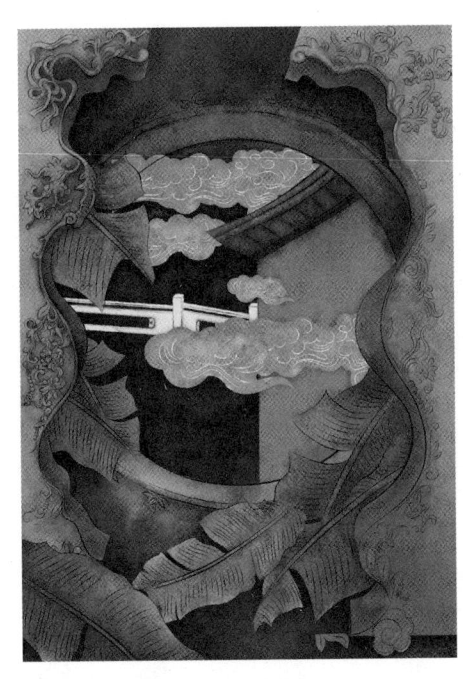

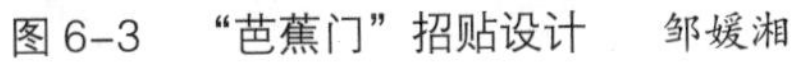

图 6-3　“芭蕉门”招贴设计　邹媛湘

图 6-4　“邹氏家祠”招贴设计　邹媛湘

“芭蕉门”上下也有冷暖之分，上部分偏暖，下部分偏冷，考虑受环境色影响，也做了一些细微的变化。通过对传统图形的再设计使得作品达到至善的境界，充分展现下梅村独特的历史文化气息。

《邹氏家祠》作品设计是从邹氏家祠建筑外观入手。对其外观建筑进行提炼，保留经典的马头墙白墙青瓦的特色；注意展示对称式建筑结构；中间选用“邹氏家祠”门楼上的砖雕花纹，作品画面疏密有致，主次分明，有很强的节奏感；还特意将邹家祭祀活动绘入其中，以祭祀中读祭文、祭拜、锣鼓表演等场景构成；背景提取隐藏在家祠中的“商”字建筑特征，融入四片柱造型，云雾飘浮其中，串联整个画面。作品色彩大面积采用重色和灰冷色，色调沉稳，彰显家祠的庄重严肃（图 6-4）。

闺秀楼原本是邹氏禁足女儿的地方，后演变为邹家女子休息嬉戏之处。传说当时邹氏闺女不想嫁习武之郎，于是婉拒了父亲的安排，父亲一怒之下修建闺秀楼，将女儿禁足于此，令其专心刺绣、阅读诗书。招贴作品《闺秀楼》描绘女儿看着窗外偶然探进来的梅花心中孤寂落寞的情景。《闺秀楼》在色彩上采用大面积灰色调，增添闺中女子的凄凉情怀；在构图上，作品有意将闺秀楼的特征拉大，

图 6–5 “闺秀楼”招贴设计 邹媛湘

图 6–6 “梅木扁担”招贴设计 邹媛湘

利用空间错位，将闺秀楼平面化展开，整体错落有序；上下方选取闺秀楼现存木雕图案装饰，使画面更加丰富饱满（图 6–5）。

招贴作品《梅木扁担》描绘一位老农用梅木扁担挑着两篓茶叶往码头方向赶路的场景。作品上方为下梅村头的标志性建筑“祖师桥”，利用这一特色建筑彰显招贴作品主题。作品以现有元素为依托，在不脱离下梅文化的前提下进行创新设计，目的在于使图案更容易为受众所接受，从而产生情感依托（图 6–6）。

天一井曾经是清代下梅村“斗茶”的重要场所，经营茶叶是下梅邹氏繁荣昌盛的重要根源。招贴作品《天一井》用装饰的手法，提取“天一井”元素为图形，根据天一井故事传说，结合天一井现有元素进行设计，营造出古人“斗茶”的场景，附加茶山、梅树等元素，将古代斗茶技艺与特定的村落景观相结合，充分展示天一井留下的不仅是历史，还有村野之民斗茶斗智的文化色彩。

招贴作品《当溪》以当溪本身原有的溪水为元素，将小桥、流水、人家的地方特色表现在画面中，加上鸭子戏水、明月倒影的点缀，一幅优美村落风貌立马出现在人们的眼前，试想人们在古楼、古街或古巷中，当溪水从边上缓缓穿过，似乎向每一个来到下梅的人娓娓诉说百年兴盛的故事，此时的心情是多么惬意舒展。

招贴作品《化鲤》讲述邹茂章与妻子张氏的爱情故事。茂章因忙于手头商务，

图 6–7　“化鲤”招贴设计　邹媛湘

图 6–8　“景隆号”招贴设计　邹媛湘

常常误了归期，不甘寂寞的张氏变成一条鲤鱼，悄悄地从当溪游出去，跟随邹茂章的商船。图案创作时将当溪边上的古建筑、美人靠、鲤鱼、竹筏等元素巧妙结合，将画中物体进行平面化处理，鲤鱼夸张化；细节上用云雾打破整体构图，且连接整个画面，产生在变化中保持统一协调的视觉效果，从而使构图更和谐、灵动；色彩上，以蓝、红为主色调，略加环境色丰富内容。整体色彩鲜艳明亮，对比强烈，表达张氏敢爱敢恨的鲜明人物形象特点。作品采用错位、夸张、想象等手法，重现每个故事环节，游客可以从每个故事环节中产生情感共鸣（图 6–7）。

景隆号是下梅茶叶商人邹茂章创立的茶叶商行。在《景隆号》招贴作品设计中，将景隆号现存茶票的图案外框运用到招贴设计中，而原来茶票中间的文字替换为景隆号通过“万里茶道”的运茶情景的插画。当时茶商将景隆号的茶叶通过水运、陆运从崇安下梅渡口出发途经江西、湖南、湖北、河南、山西、河北、内蒙古，从伊林（现二连浩特）进入现蒙古国境内，沿阿尔泰军台，穿越沙漠戈壁，经库伦（现乌兰巴托）到达中俄边境的通商口岸恰克图，全程约 4760 千米，通过内外图案的组合，很好地把景隆号行业特征和蕴意悠久的历史文化展示给游客（图 6–8）。

下梅古村落旅游文化系列招贴排版以竖版为主，采用外框式设计，排版灵活，上下呼应，整体格调以简约为主，复古中又带有现代感，更加符合年轻一代的视觉需求，由于图案本身具备装饰性，有些局部只用线条稍加装饰。

作品上方的标题文字设计添加破碎肌理，表现出厚重的历史感与图案风格相匹配。招贴作品下方文字介绍和宣传语都是从原有的文字材料中提炼而来。每张海报都书写对应的两句宣传语，押韵且朗朗上口，便于诵读流传。标点符号的颜色和大小也做了一些变化，以强化装饰点缀作用。下梅古村落旅游文化招贴作品将当地古民居建筑装饰融入其中，旨在传达一个历史古村的浓厚情怀，作品既体现下梅浓厚的历史意味，又折射出强烈的现代设计时尚与新潮的韵味。

四、五夫古镇旅游文化招贴

五夫镇是国家级历史文化名镇，是理学宗师朱熹的故乡。古之就有胡宪、刘勉之、朱松的道义之情和刘子翚与朱熹的师生之情；如今又有我们对五夫镇文化的爱护之情，对朱子文化的弘扬之情。这是一座既有文化又有情义的古镇。现今古镇历史文化遗产依然保存比较完好，包括紫阳古楼、兴贤书院、兴贤古街、五夫社仓、连氏节孝坊等。这些重要的遗址、遗迹是历史留下的印迹，是古镇传统文化的瑰宝，具有很高的文化价值。

系列招贴作品《情系五夫》选取这些具有历史特色的建筑，以艺术设计的表现手法通过图形将五夫镇特色文化展现出来，为五夫镇打造具有独特魅力、与当地人文价值相匹配的视觉形象，得以宣传五夫镇旅游文化资源，促进当地旅游业的发展。

德国著名视觉设计大师霍尔戈·马蒂斯教授曾经说过：“一幅好的设计应该是靠图形语言，而不是靠文字来注解。”《情系五夫》系列招贴作品选取五夫镇最具历史特色的古建筑为原型。在艺术设计表现手法上以点、线、面等几何图形与传统的装饰纹样有机结合的方式，通过巧妙的构图，使整个画面拥有丰富动感和美感，同时注入独特的文化元素，从而大大提高招贴作品的品位。在招贴设计中，对建筑主体形象色彩进行认真的选取，合理地运用色彩感情的规律和色彩的联想表现力，充分发挥色彩暗示力的作用，使画面更加生动、唯美，使游客触景生情，引发人们广泛的兴趣和心理共鸣。

招贴是文化的体现，其不仅在传播相关的信息，还表达出一种精神，并在一定程度改变受众的世界观、人生观、价值观，同时也影响他们的生活方式。它不断唤起公众对某种新意识的需求，对社会精神文明的建设起到潜移默化的作用，可以说在一定范围内承担着其应有的社会责任。五夫古镇旅游文化招贴旨在宣传推广古镇旅游形象，在为游客介绍五夫古镇具有深厚文化内涵的古建筑的同时，弘扬五夫镇的精神文化，以激发人们对五夫古镇的向往和景仰。

图 6–9 “兴贤书院”招贴设计 施燕芳

《情系五夫》系列招贴设计选取当地最具影响力和代表性的古建筑。如朱熹讲学授徒的“兴贤书院”、彰显忠义情谊的“刘氏家祠”、体现旧时女性贞节的“连氏节孝坊”、扶贫救济的“五夫社仓”等古建筑，这些古建筑作为五夫古镇旅游形象宣传的原型，散发出古镇独特的文化韵味。

兴贤书院是当时一家官办教育机构，是朱熹当年讲学授徒的地方，整体建筑色彩浓重而华丽。红色的外墙、艳丽的彩绘、精致的砖雕交相辉映。之所以名为“兴贤”，是因为民间传说有“兴贤育秀、继往开来”之意。现今在书院内可欣赏到仿朱熹笔体而写的“继往开来”等堂匾和各式楹联。招贴作品《兴贤书院》选取红、黄、蓝为主色调，使书院更显华丽壮观。在形状塑造上用长方形、圆形、线条，以及建筑上的砖雕、石雕纹样构成，通过平面的表现方式将兴贤书院形象直观地展现出来，这是现代与传统的巧妙结合，更能将人们的眼球引到图形画面上。门楼上也参照原型高高供置着三顶砖雕官帽，正中的“状元”，左边的“榜眼”，右边的“探花”，这些官帽印证了“学而优则仕”这一儒家古训；色彩上，在兴贤古街，由于历史的沉淀，大多数的古建筑为灰白色，所以色彩选用建筑物本身的原色来设计，使之不失其建筑本身的特色，唯有兴贤书院的门楼被涂为红、黄、蓝等多种色彩，精美艳丽更为突出；海报下方采用中国传统书法形式书写文字对该建筑进行介绍，招贴的上部用鱼龙点缀，绘有鲤鱼跃龙门的图像，寓意金榜题名，与朱熹理学相得益彰，起到教化育人、激励进步的作用（图 6–9）。

刘氏家祠现位于兴贤书院斜对面，祠门上方嵌刻“宋儒”“刘氏家祠”等石雕。门楼砖雕艺术精湛，古风犹存。招贴作品《刘氏家祠》以灰色为主色调，运用明暗来区分建筑的构造层次。画面采用长方形、菱形、圆形、线条等进行组合，加之传统的石雕纹样来装饰塑造宗祠形象，整座家祠庄严肃穆；门楼上刻有朱熹题写“八闽上郡先贤地，千古忠良宰相家”的楹联，既能显示祖先的荣耀，同时又能鞭策后代求学上进；画面中的云纹象征家族兴旺、子孙万代的鼎盛现象，同时也呼唤流芳百世的忠义之情。

紫阳楼又名紫阳书堂、紫阳书室，建于南宋绍兴十四年（1144 年），朱熹从 15 岁起在此定居。紫阳楼位于屏山脚下，潭溪之畔，周围古树参天，修竹成林，屋前是半亩方塘，屋后是青翠竹林，为典型的闽北地方特色建筑。招贴作品《紫阳楼》以黑色、灰色、褐色为主色调，采用长方形、三角形等形式来表现该建筑，凸显紫阳古楼淡雅古朴的形象特征；在古楼墙外绘制鹅卵石铺的路；画面上有硕大的古樟树，给人以寄情于景的感受，使人联想起“朱熹悟之、植树以至之”的典故。

朱子社仓坐落在五夫镇凤凰巷内，是朱熹为赈济灾民于乾道七年（1171 年）创建的，因为开救荒先河而被誉为“先儒经盛迹”。招贴作品《五夫社仓》以橙色和黑色为主色调，选取金灿灿的成熟稻穗的颜色，寓意对囤积好粮、赈灾救民的慷慨善举的肯定；此建筑采用长方形、直线、曲线等形式来表现，运用现代的几何图形表现古老建筑物的具象形态特征；画面的上部分形象用稻穗来点缀，直观地向游客表达此社仓的用途，给人们以真实的生活感和强烈的艺术感染力。很容易唤醒人们从心理上对朱熹建造“五夫社仓”的赞赏之情而博得游客的共鸣（图 6-10）。

图 6-10　“五夫社仓”招贴设计　施燕芳

五夫镇的朱子巷旁有一座连氏节孝牌坊，它始建于清光绪十六年（1890年），门楼坊额嵌有“圣旨”“旌表史员观赐妻监生刘经文母连氏节孝坊”字样，面壁砖浮雕有人物故事、祥禽瑞兽等，形制优美、工艺精湛。招贴作品《连氏节孝坊》中整个建筑以灰色作为主色调，对节孝坊建筑整体造型的刻画比较注重细节，在不违背传统建筑造型的前提下，对建筑局部作更加精细的设计，包括屋檐上的砖雕、面壁砖浮雕上的祥禽瑞兽、窗户的细节刻画等，以凸显连氏节孝坊建筑特色。

作品《白莲之乡》的招贴以绿色和粉红色为主色调，展现出清新盎然的夏日景象。整个风景是五夫镇荷塘的真实写照，其中山体运用了圆形组合修饰；莲叶的莲脉用回纹排列代替，莲叶与莲叶之间采用不同色相的绿来表现层次感，使得整个画面更加生动立体；天空飘浮一朵朵祥云，行云流水般的线条，又将现代与传统相结合，为人们营造一种独特的赏莲趣味。

作品《朱熹》是根据五夫广场高约23.66米的朱熹雕塑为原型进行设计的。此座朱子雕像的创作者为中央美术学院雕塑专业的教师团队，他们凭借多年研究中国传统雕塑的经验来设计朱熹的雕塑造型。整个雕像浑然大气，仪态典雅亲和，将工笔画的线条和雕塑语言的体积感相结合，更别具创意地将象征朱子一生研理立著的书卷书匣与雕像融为一体，让人在远观与近察中都能感受朱子学说的丰富博大，犹如立身于中国文化的“灵山道海”之中，用艺术的方式诠释了朱熹精神。招贴中的朱熹面容慈祥，左手持卷，右手捧心，好似正与访客娓娓道来其正心诚意、格物致知之学；朱子雕像的最大特色是“立于青山绿水之中，展现思想源头活水”，所以画面用树木进行点缀；图上方画有飞翔的大雁，大雁的传统寓意是仁、义、礼、智、信五常，正好与孔孟之道的核心思想相吻合，使得整个画面内涵更加深邃。

五、杨源乡旅游文化招贴

无论是具象图形还是意象图形，最重要的是要能够在凸显特色地域文化形态的前提下创造出新颖、简洁、富有创意的图形来展示和传递旅游信息，同时能突破时空的界限，扩大艺术形象的容量，表达旅游地域意象。只有那些带有浓重地方特色文化色彩的图形语言，并将神韵意境都融入现代的设计语言中，寻找传统与现代的契合点的构思，才能打造出符合游客的审美情趣，达到以形感人、以形寓意的传达效果。

杨源乡位于福建省政和县东南部，这里群山绵绵，岩种复杂，海拔800米以上。

图 6-11 “杨源古廊桥”招贴设计 陆家静

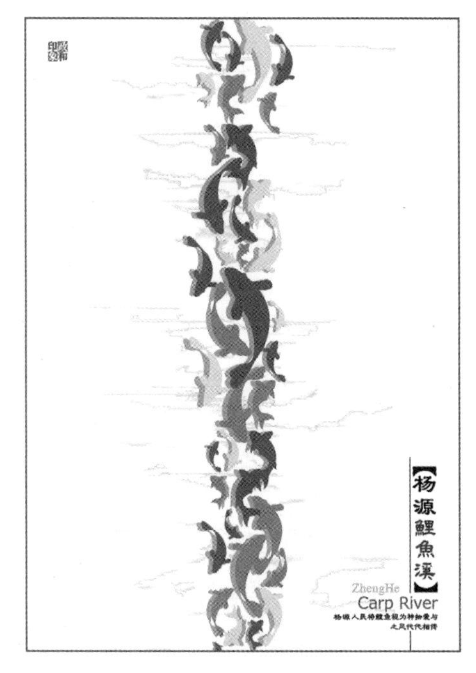

图 6-12 “杨源鲤鱼溪”招贴设计 陆家静

在其周边有白水洋、佛子山等诸多风景名胜区，其境东南的洞宫山有 85 个景点，大小岩洞 36 个，相传这里为魏虞二真人炼丹飞升的地方，被道家称为琅琊福地。1936 年叶飞率领闽东红军与黄立贵率领闽北红军于杨源洞宫山会师，开辟革命根据地，留下著名的“洞宫山联席会议”革命史迹。该村历史悠久，民风淳朴自然，民俗文化多样，文化遗产丰富，其中四平戏、鲤鱼溪和古廊桥最具特色。2006 年，杨源四平戏入选第一批国家级非物质文化遗产名录。2014 年，杨源荣获“国家级生态乡镇”称号。

杨源乡境内有十余座廊桥，其中以花桥最为著名，花桥位于坂头村，是横卧于蟠溪之上的一座楼阁式风雨桥。由一主楼和两侧楼组成，主楼有三层翘檐，侧楼有两层翘檐，气势冲天。桥内大量壁画和楹联内容丰富、各展风采，犹如一条书画艺术长廊，廊道中的供龛共有九个，除了供奉传统佛、道诸神外，还供奉“陈桓、陈文礼二公”，这是后代对先祖功德的纪念。

四平戏原为福建省流传的一种汉族地方戏曲古老剧种，20 世纪 80 年代初，在戏曲普查中发现福建政和县杨源乡四平戏保存得十分完好，震惊了整个戏曲界，被誉为中国戏曲的“活化石”而载入中国戏曲史册。如今，每年农历二月初九及八月初五，即杨源先主晚唐福建招讨使张谨夫妇庆诞的日子，在杨源乡英节庙（建于 1662 年）都会上演三天三夜的四平戏，世代沿袭不断传承至今。

旅游形象是指旅游地内外部公众对旅游地总体的、抽象的、概括的认识和评价，是区域内在和外在精神价值进行提升的无形价值。旅游招贴设计是宣传和体现一个旅游地形象的重要途径之一，它有利于信息传播，树立旅游形象，是现代化社会传达和信息交流的重要方式之一。

在杨源乡旅游招贴设计中，作者选取廊桥、四平戏和鲤鱼溪作为设计对象，运用现代的设计表现手法去演绎独具特色的地方文化，突出表现这座位于闽浙边陲千年古县里的浓厚民俗风情。招贴作品《杨源古廊桥》以花桥为题材，造型上，以现实桥体为原型，将实景图转换成矢量图，把它们从现实的场景变为抽象的意境；结构方面，注重桥中亭和两端桥亭上的重檐歇山顶阁楼的表现。作品在花桥矢量图的基础上进行艺术性的美化，将灵动的桥屋、厚重的桥身、精巧的桥墩完整地表现出来，中间插入一些文字和图形，把中国传统文化与现代设计理念相结合，使画面更具艺术气息（图 6-11）。

在杨源乡里有一条长 1000 多米、呈“S”形的小溪将村庄分成两半。这条小溪水流潺潺、鲤鱼成群，鱼儿悠然自得地在水中嬉戏。相传唐末张氏祖先在迁入杨源之前，为卜此地是否吉利，在河中放生许多鲤鱼。次年，溪中鲤鱼成群，从此在此定居，并定下保护鲤鱼溪的乡规民约，使杨源人民世代爱鱼蔚然成风。在《杨源鲤鱼溪》招贴设计中，作者采用剪影的形式将鲤鱼的形态表现出来，并对其进行有序的排列组合，通过色彩的配置，将溪中鲤鱼的灵动和生机展示出来（图 6-12）。

对于《四平戏》招贴设计，作者在造型特色的表现方面依照程式化的手法，追求“写实”与“创新”的完美结合。四平戏的演员为普通农民，他们的表演展现出质朴、淳厚的风格。他们的化装并没有经过专业训练，所以脸谱的描绘在一定程度具有不完整性，面部造型也略带粗糙而有趣味；他们的服饰是选用清代保留下来的戏袍，质料和纹饰都相对粗糙，所以作者描绘服饰均带有朴素之风。在人物表情的刻画上，通过俏皮的眼神与五官的变化使这些演员的面部表情更加生动。在动作的描绘上，大胆采用动态夸张的表现手法，有意识地加大表演的动态幅度，形成强烈的视觉冲击力，这在表现演员的性格表情和技艺方面都有较好的效果。整个作品洋溢着浓郁的地方文化特色。作品以手绘插画的形式进行表现，

图 6-13 “四平戏”招贴设计 黄承辉 陆家静

画面人物采用三角形构图，既显得稳定均衡又不失灵活性（图 6–13）。

六、和平古镇旅游文化招贴

和平古镇位于福建省邵武市西南方，镇中古迹星罗棋布，这里保存着完好的民居古建。通过收集资料、实地考察和拍摄素材，最后作者选取了六座各具特色的古建筑，古朴苍劲的“和平书院”、见证百年风雨的“谯楼”、雕梁画栋书香气息浓重的“廖氏宗祠”、袁崇焕亲笔题写塔名的“聚奎塔”、纪念黄峭公的“黄氏宗祠”，以及特色古民居“恩魁”大宅院作为设计对象。每栋建筑都有其独特之处。招贴图形以实景为主，通过取舍，对图形进行重组概括，为后期海报设计提供一些较为完整的画面。每幅画面都加入了重复的小图形和其相关的故事及民俗文化，便于观者更直观地了解古镇文化。

谯楼是人们进入和平古镇的第一印象。明万历二十年（1592 年），和平建城堡，在四个主城门上建谯楼。东城门谯楼，上层为木构，三檐歇山顶，自下往上每檐缩小二分之一，使外形呈三角形稳固状。底层以方石和卵石砌筑，外延厚实刚毅，拱形门洞，厚度达数米。在招贴作品《谯楼》的设计中，对谯楼细节予以重点刻画，在原有色的基础上加以创新。为了使主体突出，谯楼建筑以暖色调为主，背景采用偏冷深色调，为了丰富画面，加入古镇民俗活动的傩舞和舞龙灯，营造古镇繁华景象（图 6–14）。

图 6–14　“谯楼”招贴设计　谢雪辉

和平书院是闽北最早的家族式书院，后演变为地方性学校。宋代理学大师朱熹曾在此讲学，这里曾培养出众多学者大儒。和平书院建筑设计非常

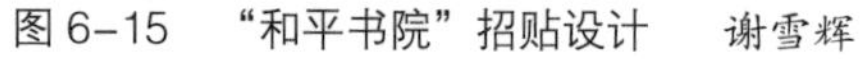
图 6–15 “和平书院”招贴设计 谢雪辉

图 6–16 “聚奎塔”招贴设计 谢雪辉

讲究，最突出的是书院门顶略似一顶官帽，寓意“学而优则仕”的思想。在深入了解和平书院背景的前提下，招贴设计选取书院门头造型为形象元素；大门上方的木雕月梁设计为打开书卷的形式，代表“开卷有益”；画面绘制三位相互交流的书生学子的形象，以表现当年文风炽盛的场景。整个作品形式语言简洁明了，又自然、巧妙地用“意”的表现手法将和平书院蕴意深厚的历史文化表达出来（图 6–15）。

聚奎塔位于和平古镇南约 2.5 公里的狮形山水口山顶，为明代建筑。据《和平东垣黄氏宗谱》记载，在明代万历四十四年（1616 年），邵武和平的黄六臣父子联合当地乡民进行捐资修建，宝塔修建历时 20 余年，到崇祯年间才竣工。明末时任邵武知县的抗清民族英雄袁崇焕亲自为“聚奎塔”题名。这方塔额采用阴文雕刻，字体疏朗苍劲，刚挺圆浑，字迹清晰，完好无损，是袁崇焕留下唯一可信的极为珍贵的墨迹，具有极高的历史和文化价值。聚奎塔塔体为正六边形、砖筑五层，每层外部均辟券门，第一层券门正北向，上部横额黑砚石塔一方，额镌阴文“聚奎塔”，正门中有窗龛，龛上砖雕佛像，窗龛横额黑砚石塔一方，额镌阴文“一柱擎天”。其余每层券门均有一组镂空花纹砖雕及黑砚石塔一方，朝券门方向均有窗龛、龛内砖雕佛像、窗龛横额黑砚石塔一方；二至五层券门外及窗龛分别额镌阴文：昼锦锁钥、兹悲普度；二涧玄朝、三元昭应；雄峙中区、文昌拱照；层峦叠翠、玉铉上映。由于历经漫毁，佛龛内佛像残多整少，但第四层佛像却保存完好，左尊坐狮，右尊骑象，中尊坐莲花。佛像慈眉垂耳，脸颊圆润丰腴，足以见证当时工艺的精湛细腻，亦是研究明代砖雕的重要素材。曾有民间七律盛赞："一柱擎天显昼锦，三元昭应乐群英。层峦叠翠千山秀，雄峙中区福万民。二涧玄朝流长远，文昌拱照风教明。慈悲普度群生福，聚奎塔前万象新。"招贴作品《聚奎塔》真实地表现塔的形象，并将袁崇焕的形象融入画面之中，借以宣传袁崇焕朴素的民本思想以及关怀民瘼、救民水火、投笔从戎、图复辽疆的理想抱负，以此昭显"聚奎塔"的思想价值（图 6–16）。

黄氏峭公祠在邵武市和平镇坎头村上井自然村。据和平《和平东垣黄氏宗谱》卷一《新建峭山公祠堂序》，现存的黄氏峭公祠建于清光绪十五年（1889 年），民国十年（1921 年）曾修缮。黄峭（872—953），讳岳，又名峭山，字仁静，号青岗，邵武人，后唐庄宗时任工部侍郎。黄峭作为晚唐五代的一位历史人物，创办书院，造福桑梓，培育人才，教育子孙要有不靠祖荫、自强自立、开拓创业的精神，至今尤具现实意义，是民族优秀文化的重要组成部分。黄氏峭公祠为四合院式天井院，坐东北，朝西南，砖木构，硬山顶，三山式斗砖风火马头墙，穿斗式构架，单进殿，面开五间为 18.7 米，进深共 28.1 米，主体建筑完整，时代风格明显，古朴且具地方特色。黄峭后裔今已遍布海内外，其祠对海内外后裔前来寻根认祖、促进各地后裔的联谊活动、增强民族凝聚力都发挥了巨大作用，成为联结海内外黄氏后裔的纽带和桥梁。招贴作品《黄氏峭公祠》描绘的就是黄峭公身穿红色官服、端坐在祠堂前，与儿子们告别，目送他们

图 6–17　"黄氏峭公祠"招贴设计　谢雪辉

外出创业，儿子策马回眸依依不舍。背景为黄氏峭公祠，建筑上方绘制有一条青龙，寓示和平古镇为黄氏的龙兴之地，画面背景采用偏冷色调，从而凸显出峭公人物主体形象（图 6–17）。

上述系列招贴，每张海报的排版都是以古建筑为主，再融入辅助图形，采用居中的排版方式，富有传统及严谨性，更容易抓住观者注意力；为展现复古的效果，海报上的人物均采用古代的人物形象；为使画面更加整洁，增强空间感，增加了白云、太阳作为装饰；为展现古镇繁华及和平安逸的场景，色彩上运用了丰富的色调；海报上的介绍文字与标志文字一致，均以黑色调为主，使人一目了然。采用系列性的设计方法宣传介绍旅游景点古迹，有利于游客形成系统性的认识，增强心灵感化的效果。

七、峡阳古镇旅游文化招贴

峡阳古镇地处延平区西北部，东邻茫荡镇，南连王台镇，西交顺昌县建西镇和大历镇，北接顺昌县高阳乡和建瓯市房道镇。峡阳古镇经商周，历唐宋，距今千余载，为福建省政府首批命名的历史文化名镇。峡阳古镇有旖旎的自然风光、深厚的文化遗产，这里山川灵秀，屏山如画，照溪流银。

古镇现存名胜古迹 24 处，明清时代建筑 200 余幢，其中大园房、关岳庙、报国寺、百忍堂、应氏状元祠、八字桥堪称古代建筑瑰宝。这些类型丰富、工艺精湛、承载着古镇深厚历史文化的古建筑，是不可多得的文化遗产，如今成为峡阳人为之骄傲的文化名片，为生于斯长于斯的峡阳人故土难离的“乡愁”所系，并最终成就了峡阳“历史文化名镇”的称号。古镇流行着具有 300 多年历史的民间舞蹈“战胜鼓”，相传为郑成功收复台湾后兵勇回乡将其演化成带有舞蹈性质的民俗活动，现已经成功申请成为福建省非物质文化遗产。

此外还有民间剪纸、字画珍藏、古风民俗、风味小食等，缤纷异彩，星星点点散布在古镇各处，具有很高的史学研究价值和旅游开发潜力，也为古镇的招贴形象设计提供了素材。

特色是旅游的灵魂和生命。旅游形象设计符合当地的资源特色和历史文脉，就能对市场有吸引力。峡阳古镇作为闽北的一个重镇，它具有独特的风情，亘古不变的传统精神，文化底蕴深厚，旅游发展前景十分可观。良好的古镇旅游形象设计能够更好地让人们了解这座千年古镇的文化内涵。实地考察收集资料之后，对诸多内容进行整合选择，提取有特色、有代表性的元素进行设计。招贴设计共分为四大类，第一是历史古迹，有峡阳土库、八字桥、关岳庙、高平堂；第二是自然风光，有富屯溪、峡阳大桥；第三是文化遗产，有战胜鼓；第四是民俗民风，有男耕田女编笠、台阁、桂花糕传说。将上述具有地域特色的建筑、民俗作为招贴设计的元素。

峡阳战胜鼓又称战台鼓、战斗鼓，是源于郑成功军鼓的民间艺术，是以民族英雄郑成功军队传下的鼓点、义旗为载体的民风民俗，是力量的表现，精神的象征。据延平区地方志记载：战胜鼓发源于明末清初，已有300多年的历史。原为位于富屯溪畔的省级历史文化名镇——延平区峡阳镇的鼓会，用于庙会庆祝、民间活动的一种打击乐器。相传，清初峡阳人薛仁元在郑成功军中任旗手，善击鼓，随军出兵收复台湾。顺治七年（1650年），薛仁元告老还乡，把击鼓技艺传授给乡里少年。从此，峡阳鼓会有了新的鼓点，增添了战鼓的气氛，显得更加威武豪放。台湾收归清版图后，南平曾“拨兵戎守各讯更番轮值，三年一换”。每次从南平抽兵士一百多名到台湾轮流驻防，从台湾回乡的士兵带回“战台鼓”鼓点，逐步发展而成。在招贴作品《战胜鼓》图形设计中，为了能凸显战胜鼓的特色，只选单个鼓手的打鼓动态为主图形，鼓手也只选取上半身部分，进行抽象化设计，这样画面视觉感更强烈；颜色选用比实际服装稍浅些的蓝色，以符合整张海报轻松明快的色调；战胜鼓旨在表演郑成功收复台湾行军中的战鼓队列操练，因此在图形中融入郑成功收复台湾胜利归来的战船在海上追波逐浪的情景，使整个画面显得丰富多彩，给人以遐想的空间（图6–18）。

图6–18　“战胜鼓”招贴设计　张睿

台阁是用于表演一种带有杂技性质的民间文化艺术活动的小阁台。其造型较为简单，是在约三尺宽的木台上设置座位，四周安装

图 6-19　“台阁”招贴设计　　张睿

有雕花的小栏杆，台阁的前后设有抬杠。台阁表演都是由五六岁的小孩扮演戏剧中的人物。招贴作品《台阁》的设计就选取孩童最喜闻乐见的哪吒闹海的故事。选用大海的蓝色为主色调；小孩扮演的哪吒身穿红肚兜手拿混天绫，生动形象地展现了哪吒与龙厮打的场景。这样设计不仅展示出峡阳的民俗活动盛况，具有很强的观赏性，还弘扬了中华民族不畏强权、敢于抗争的大无畏精神，也展现出峡阳古镇丰富多彩的历史文化和内涵（图 6-19）。

石坂坪土库是明清时期的古民居建筑，始建于清朝嘉庆二年(1797 年)，历时三年竣工。为清嘉庆茶商应陶官所建，现属省级文物保护单位，因该建筑中的天井均以大石板铺设，故俗称“石坂坪”。由于地形的原因，建筑平面呈不规则状。该宅大门偏于主体右侧，进门即是门厅与天井。天井中设过亭，入口空间丰富，天井后为过厅、庭院、门楼、前厅、大厅、天井与后楼。前厅与大厅主体面阔五间，占地面积约 1200 平方米。该宅主体格局及细部保留较好，梁架雕饰精美。土库最显著的特征是两边高高的马头墙，用砖块砌成，独具特色。招贴作品《土库》的图形元素就是选取于此。峡阳自唐朝以来就有男耕田、女编笠的风俗习惯，实地考察时，我们走在峡阳的街道上，时常会看到正在编制斗笠的村民，于是又提取这一峡阳街景为图形元素，加上孩童玩耍的场景和两棵大桂树，将土库民居的建筑造型与现代人们的日常生活融为一体，展现出峡阳人民惬意的生活状态和浓浓的家庭情趣（图 6-20）。

峡阳古镇溪中公园里有座关岳庙， 原名“庄武王庙”，后唐天成年间（926—

930年）为纪念唐朝使节闫汝明而建。1927年，庙里增祀关公、岳飞二神，故此庙又称“关岳庙”，延续至今。每逢正月十六，峡阳关岳庙内庄武尊王菩萨出巡，小镇上的居民都会提着早已准备好的精美漂亮的花灯到街头参加踩街游行活动，同庆元宵佳节。为了宣传古镇民风民俗活动，招贴作品《关岳庙》以关岳庙为元素进行图形设计。整体色调较为浓重，体现了庙宇庄严肃穆的氛围，主体物关岳庙的元素提取则以实景为主；因关岳庙是建在富屯溪上的江中小岛鳌州岛上，所以背景的辅助图形提取水纹与溪中绿洲为元素；作品右上部绘有明月，旨在表现关、岳二神的忠义气节明月可鉴，从而真实地展示古镇特色民风民意，让游客通过作品感受到古镇人们对儒家忠义的崇敬（图6–21）。

图6–20 “土库”招贴设计 张睿

图6–21 “关岳庙”招贴设计 张睿

闽北古村落旅游文化招贴对当地特色的文化宣传起到重要的作用。以古村落中特色古建筑和民俗为元素的表达方式，旅游者能够从作品中直观了解古村落蕴含的深厚文化气息。优秀的古村落文化旅游招贴设计能为古村落特色文化写下生动的注释，以潜移默化的方式向人们传递某种信息，并将其诗意化地展示出来，在受众的心里开启一扇感受传统文化的窗户，为他们拓展一片广阔的想象空间，这正是它的价值所在。

第二节　闽北古村落旅游文创产品开发

随着我国经济的发展，居民的生活水平日益提高，外出旅游成为人们自我释怀的生活方式，通过旅游，人们能够放松身心，体验异地文化，提高生活质量。近年，国内古村落旅游异军突起，古村落依托独特的地域文化、淳朴的民俗风情、精美的民居建筑等本土资源，开发出独具地域特色的旅游项目吸引游客，人们在旅游过程中充分感知和体验浓郁的乡土文化，满足求新、求异的个性化心理需求，获得精神上的愉悦，这正是古村落旅游的魅力所在。然而若只机械地墨守这份祖宗留下的传统文化，将无法适应现代旅游市场的需求，如何发展旅游文创产业呢？地域文化是古村落旅游发展的灵魂，是可持续发展的源泉和驱动力，旅游文创产业是以旅游为方式、以文化为根基、以创意为法则的创造财富的朝阳产业，完全可以凭借自身优势，通过开发销售旅游文创产品把产业做大做强。

文化创意产品主要通过将文化蕴含的隐性因素转译为显性的设计要素，运用设计为文化因素寻求一种符合现代生活形态的新语言，探求使用产品后人精神层面的满足。旅游文创产品设计是将传统乡土文化嫁接到文创产品中，对其进行创造性转化，开发出特色鲜明、个性十足的产品类型，以此将地域性、纪念性和文化性有机融合，成为当地文化的重要以及直接载体之一，对旅游形象的提升和文化传播具有重要意义，是古村落旅游经济振兴发展新动力。

一、闽北古村落旅游文创产品发展现状

旅游文创产品作为古村落旅游产业发展的重要媒介，肩负着传播地方文化和振兴乡村的光荣使命，在乡村发展的历史进程中起到举足轻重的作用。旅游文创产品不仅必须具备产品功能，还需要有文化特性，同时要将设计人的知识、智慧与创意性作为重要的考量而融入其中，只有具备这三个特征，旅游文创产品才能满足游客的消费需要。

“闽北是福建开发最早的地区，是中原文化传入福建的走廊，是福建远古文明的发祥地之一。”近年来，随着旅游业的发展，闽北的旅游文创产品市场也得

到一定的发展，然而其发展态势远远落后于其他旅游产业的增长，其主要原因为当地旅游文创产品缺乏创新性、文化性和差异性。成功的旅游文创产品必须给欣赏者以精神上的高层次享受，要有丰富的精神内涵、文化底蕴，这是旅游文创产品必须具有的“生命”与“灵魂”。闽北旅游文创产品的设计应该从多元的闽北文化中提炼出具有代表性的文化元素，开发其在旅游文创产品领域的物化价值，使其独具特色，具有高附加值，以期借助它们把闽北独特的文化传播出去，为当地旅游经济发展添砖加瓦。然而笔者调研发现，闽北古村落旅游文创产品发展现状不容乐观，存在以下几类问题。

1. 大同小异，缺乏特色。闽北乡村很多旅游文创产品在外地旅游点也能购买到，同质化现象尤为严重，缺乏差异化的个性展示，难以激起游客的兴趣，表面来看这是因为文创产品缺乏创新所致，其实是缺乏对当地特色文化的挖掘。

2. 工艺粗糙，品质低劣。在利益驱使下，有些商家把游客购买旅游文创产品定位为“一次性消费”，故意将成本低廉、粗制滥造的手工艺品充当旅游文创产品，使游客产生不信任感，阻碍乡村旅游文创产业的发展。

3. 品牌缺失，滥竽充数。闽北古村落旅游文创产品销售的准入门槛较低，没有建立起自己的品牌，消费者在挑选文创产品时会感到无所适从、举步维艰。有些古董商还将回收来的金属器皿、陶瓷制品、旧书画等作为旅游文创产品兜售，玷污了旅游文创产品的意义与价值。更令人痛心的是一些村民竟将本地古民居建筑中具有珍贵历史文化价值的木雕、砖雕、石雕等精美装饰构件拆解后高价变卖，造成古村落文化断裂和载体缺失，对地方文化保护和旅游开发极其不利。

二、闽北古民居建筑装饰审美特征和社会价值

闽北地处福建北部，与江西、浙江接壤，历史上就是中原入闽的必经之地。闽北为丘陵地形，地域广阔，众多的古村落星罗棋布于小盆地之中形成相对独立的区域空间。俗话说“十里不同风，百里不同俗”，这也使得闽北古村落在空间布局和建筑装饰上呈现出多样化的表现形式。

闽北古民居建筑以砖木结构为主，普遍采用挑梁减柱、穿斗穿插式的建筑手法，高大的风火白墙与屋顶黛瓦形成鲜明对比。在装饰上以多种刻绘技艺制作大量精美的木雕、砖雕、石雕作品，通过比喻关联、寓意双关、谐音取意、传说附会等形式，把不同时空吉祥象征寓意的符号或物象巧妙地组合在一起，把人们追

求吉祥美好的愿望和人生线条融入其中，有些建筑局部还施以彩绘彩塑，富有生活气息，大大丰富了作品的表现力和感染力。游客可以从这些精美建筑装饰上感悟其中的美学趣味、价值观念和精神情感。

古村落文化是当地原生态文化，蕴含着丰富的人文气息。设计者充分挖掘利用古民居建筑装饰文化来开发旅游文创产品，能够体现村落特色文化，展现历史的真实性，使游客通过文创产品了解当地独具特色的历史文化和民俗文化。

三、闽北古村落旅游文创产品的设计策略

设计对文化的发展起到积极的促进作用，它不仅能够为文化增值，而且能够为产品创造出更多的财富价值。旅游文创产品设计要以文化为核心，以创意设计为手段，立足于前期市场调研和游客的内心需求，通过设计师的归纳提炼，形成新的表现语言，并运用科学的创意设计手法将特色地域文化与产品进行有效融合，设计出创意新颖、文化突出、实用美观的产品，从而满足游客对旅游文创产品在功能、技术、外观及理念上的创新要求，让游客的记忆得到延续，使地域特色文化得到有效的传播和推广。

1. 归纳与精选

归纳是指通过对符号元素进行归拢使之变得有条理。精选是建立在归纳的基础上把同类符号元素中具有经典代表性的挑选出来。形态符号元素可以作为一种设计语言，具有表达概念、深层内涵和思想，能标示出与概念相符合的具体事物的基本功能。典型形态符号有着很强的识别度，其本身蕴含大量的信息，是地域特征的集中体现和最好诠释。设计师可以结合符号学中各种具象与抽象的设计方法，更为重要的是将传统文化以现代的方式形成新的发展，通过对符号分类采集和归纳整理，将精选的符号巧妙地融入产品中，实现审美价值的提升，从而设计出更具有创意性和竞争力的文创产品。

在闽北，古民居建筑中的“三雕”作品凝聚了古人高度的生活智慧，是古村落旅游文创产品开发设计的源泉。在文创产品开发设计前期，设计师应对村落的特色文化进行梳理归纳，精选具有历史价值和富含地方文化底蕴的古建筑装饰作品，将其运用到产品中，使产品形成特有的文化记忆，以引起游客的情感共鸣和深层的感动，这是开发特色旅游文创产品最直接有效的方法。在以古民居建筑雕刻为元素的文创产品设计中，可以根据产品主题有目的地选择建筑雕刻中经典的

轮廓和纹饰，以现代的审美观念对原有造型进行提炼、改造和运用，利用其本身蕴含的寓意完成与游客思想的交流和逻辑“接合”，使产品更暖心，更具人性。

下梅村古民居西水别业宅院有一扇造型独特的石雕“婆婆门”，其打破传统房门固有的造型，别出心裁地设计出独具特色的造型，由于外形类似芭蕉叶又被称为“芭蕉门”。据说这扇独一无二的石门是当时房主下梅茶商邹茂章的夫人张氏为邹家挑选媳妇而特地设计的，石门内空高2米，宽0.6米，其中右边大曲线约1.7米，与身材高挑的窈窕女子形体曲线相吻合，左边的曲线约1.5米，正符合玲珑娇小女子的形体造型，具有女性身材曲线优美、凹凸有致的形态特征。作为经典的素材，可以将“婆婆门”独特造型语言在文创产品设计中开发利用，如何找到一个既能表现“婆婆门”特色符号元素，又能传递女性美的寓意的新型产品载体呢？可以选用“头梳”，头梳是日常用品，有很强的实用性。梳头使人神清气爽，让人变得美丽，给人以自信。梳盒采用“婆婆门”经典造型样式，盒里镶嵌镜子，放置两把梳子。在中国传统文化中，“头梳”蕴含“定情”的概念，这与“婆婆门”的典故有很强的隐性关联，通过设计，在两者之间寻找合适的平衡点。此外，还可以将“婆婆门”的造型元素融入女性的耳饰上，通过特色的造型，展示出现代女性的时尚美。通过“头梳”“耳饰”将典型符号元素与特定产品进行有机结合，在发挥产品功能的同时，引发人们去体会下梅古民居中这一经典建筑雕刻的艺术魅力，同时也凸显产品所蕴含的文化意象，满足游客对地方特色文化的情感体验（图6-22）。

砚台在我国有着悠久的历史，它有着独一无二的民族风格和艺术造型。在汉代之前，由于当时的条件和技术限制，砚台的造型等方面都处于初始阶段，随着经济文化的发展和技术的进步，砚台才逐渐从原始的研磨器中分离出来，并发展成具有本身特点的器物。汉代以后，砚台从材质、造型等方面都取得了重大突破，成为延续我

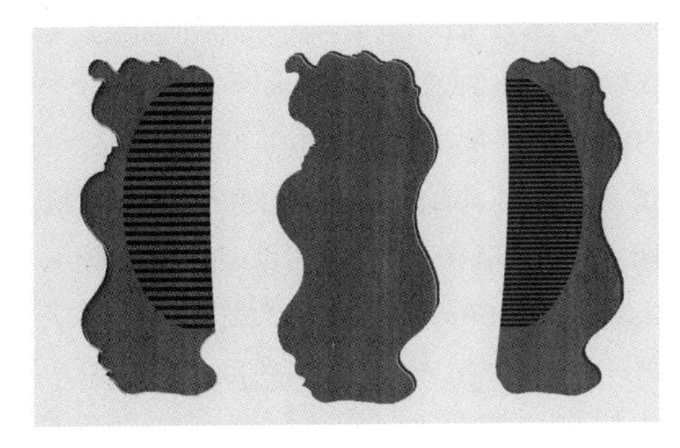

图6-22　“婆婆门”头梳　杜文学

图 6-23　“婆婆门”砚台　郑语希

国古老传统文化的文房四宝之一。自清代以来，砚台更讲究精致的雕刻和优美的造型。工匠根据不同的题材采用深浮雕、浅浮雕、线刻、镂空雕等不同的雕刻技法，作品呈现出生动精湛的装饰风格。我们将“婆婆门”元素运用到文创产品砚台的设计中，砚台选用当地的陶土材质，其中墨池采用“婆婆门”的造型，砚沿采用线刻的技法刻绘武夷山的植物花卉纹饰，表面可添加彩釉后进行烧制，这样的砚台具有现代设计新潮感，更新造物观念后，砚台的形态、材质、外观焕然一新，变成一款新意十足的文创产品，填补市场空缺，提升市场竞争力（图 6-23）。

特色文化资源是地区的核心竞争力要素，其本身就富含浓厚的情感元素，将其与产品相结合形成乡村旅游文创产品，能够使游客产生情感上的共鸣。通过创意设计表现手法，将先进的工艺技术和具有地域特色的材料融为一体，使传统文化在文创产品中焕发出新的生命力。

文字是社会文明的重要组成部分。闽北乡村古民居门头、厅堂、书房上方常常挂有匾额楹联，它们作为古民居建筑装饰的重要组成部分，体现屋主人价值观、道德观、宗法观以及对吉祥美好生活的向往，是地方文化的集中体现。这些匾额楹联中原创书法文字，或磅礴大气，或端庄秀美，字里行间蕴含着人生哲理。此外，古民居的一些隔扇窗会巧妙地将带有装饰性图案的汉字镶嵌其中，其装饰手法往往不拘一格，具有很强的趣味性和艺术欣赏价值，是文创产品设计的绝佳题材。闽北古村落文创产品设计也可以将古民居中的匾额楹联中的汉字元素进行解构和重组，把汉字中的笔画与现代文房用具进行功能性的结合，体现中国传统文化中的汉字意境之美，创造出丰富多元的文创设计产品。还可以将这些文字通过数码技术转化为图像，并进行创意编排，再利用现代薄意雕刻工艺技术呈现在木制书签上。书签材料选用当地的梨木、樟木、楠木、苦楝木等，采用套盒包装，既可观赏把玩，又可标注阅读。浓郁的书卷气息，精美的外观造型，不仅传承古人的智慧，也融入现代设计者的聪明才智，很好地满足游客在游玩之余将“经典文化”带回家的愿望。文字类文创产品是地域特色文化传承最简单的表现形式，同时也具有独特创意的记忆点。文字与书签的文化属性同根同源，隐性关联密切，在观念和寓意上高度契合。产品运用现代设计手法深度整合，并将其物化，用文字的“形”扬其所蕴含的“意”，挖掘其中的“意”，以“意”驭“形”，以“形”显“意”，以物传神，产生“意外有意”“形外有形”的感觉，使文字元素与载体的结合浑然一体，最终得到简洁现代而又不失原有规制和文化内涵的产品，使游客对地方特色文化的认识更具整体性、持续性和渐进性。把旅游文创产品的艺术性、人文性提升到一个新的高度。

2. 解构与重组

创新是人类社会进步与发展的原动力，也是文创产品设计的主要特征。解构和重组是产品创新设计的重要方法，解构是在常态下将人们所熟悉的固有视觉形象进行打散，破坏原有的构成关系，使组织秩序出现异常和跳跃变化。重组则是将原有文化符号打散后，按照产品自身需求以新的秩序进行组合，它是传统文化情感与现代设计具体的、适度的连接。解构与重组其实质是冲破束缚，展开联想，以多样化符号元素作为创作资源，多角度寻求解决问题的方案，使产品从常规观念中蜕变出来，形成新的表现语言，给人造成意想不到的效果。解构与重组并不是简单的分解与组合，而是以产品的功能特性为基础，充分考虑人们的审美需求及使用习惯，进行有目的的深化与拓展设计，使文创产品焕发新的生命力。在闽北古村落文创产品设计中，可选用古民居建筑的元素，以凸显地域性与时代性，同时又要注意避免“拿来主义”，要研究其深层次的文化特点，提炼特定文化精髓，将其融入设计之中。把传统图形的一系列元素进行变化、重组，使其既保持传统图形的形体特点，又富含地域特征和现代设计的韵味，从而更好地传达出闽北古村落传统历史文化。

闽北为朱子理学发源地，这里古民居隔扇门上时常可见镶嵌古代理学“程门立雪”“朱子授徒”等人物故事的木雕作品，作品造型生动、刻绘精细，寄托着先民重教好学的精神追求。文创产品设计可以采用解构的方法，打破这些作品原本的整体性，与其他元素进行重组，使其化身为现代的、具有故事性的主体，并转化为更加年轻化和精品化的文创产品如公仔玩偶等，增强游客的情感认知，满足他们的消费需求，使产品本身的内涵与外延得到拓展。在古村落旅游文创产品中融入当地特色理学文化，赋予文创产品更加深刻的文化特性，这不仅与现代主流价值观相匹配，而且使这些历史名人成为游客心中的偶像，使其成为传承传统文化、树立文化自信的载体。

邵武的傩舞是一种具有驱鬼逐疫、祭祀功能的传统民俗舞蹈。邵武南区五个乡镇地处偏僻山区，由于气候炎热潮湿，古代这里经常发生瘟疫，生灵涂炭，以致当地出现“万户萧疏鬼唱歌”的悲惨局面，为了能够摆脱困境，当地百姓希望能够通过神灵来保佑他们平安。因此，民间传闻可以驱鬼逐疫的跳傩传入邵武后，自然就很容易地被吸收、发展并传承至今。随着时光流逝、朝代更替，中原许多地方傩舞都逐渐与当地的其他戏曲相融合衍变为傩戏，而在邵武却将中原傩文化原汁原味地保存下来，这里的傩舞没有夹杂其他的剧情，只有纯粹的舞蹈动作，从而被赋予傩文化“活化石”的美称。遗憾的是随着社会的发展，傩舞文化渐渐被人们忽视，所以我们必须重视传承和弘扬这种地方特色文化，对其进行旅游形象文化宣传就是最有效的途径之一。

傩舞作为邵武特色的民俗是邵武文创产品开发设计不可多得的元素。原先邵武普通傩舞面具样式较为简单普通，缺乏现代感，难以得到消费者的青睐。为了能够设计出更有创意性的文创产品，可以从改良原有傩面具入手。可选择三种脸型的傩面具作为基础，分别为方脸、圆脸以及长脸。挑选适合与傩面具相匹配的古建筑纹样或建筑彩画图案，将傩面具与这些建筑纹样彩画进行重组。和平书院、沧浪阁、李氏大夫第、廖氏宗祠、黄氏峭公祠、李忠定公祠等古建筑上的纹样以及宝严寺大殿中的包巾彩画，每个建筑纹样都有其独特之处，使之与性格、形象相适合的傩面具匹配，这样，每个傩面具的人物形象和性格都可以通过与之匹配的造型面具刻画出来，就可以通过取舍与重组，从五官的变化和脸上的纹样装饰来分辨面具人物或凶猛彪悍，或深沉稳重，或奸诈狡猾，或正直忠诚，或和蔼可亲等不同性格，使得傩面具有丰富人性情感内涵及性格特征，赋予其以鲜明的生命活力。

另外，有些傩面具是按照神的属性来分类的，可以根据每个神的性格与形象来设计各种面具的造型。例如慈眉善目、面带微笑的傩公傩母，他们都是比较温和善良又正直的神仙，所以面具着色要比较柔和，让人感觉他们有如和蔼慈祥的民间老人；灵官和开山都是一些威武勇猛、令人畏惧的凶悍神仙，他们嘴吐獠牙、

图 6-24　邵武傩舞面具创意图形　祁越

图 6-25　邵武傩舞面具文创产品　祁越

怒目竖眉，所以面具采用的色彩要比较浓重深沉，以突出面部凶狠的表情和彪悍的气质；又比如五官如常人一般，长相端正，眉清目秀，看起来忠厚淳朴的风伯和雨师，他们身上并没有多少鬼神之气（图 6-24）。作为邵武特色文创产品还可以将傩面具的图案运用到抱枕、布袋、书签、明信片、徽章、钥匙扣、盘子等物件上（图 6-25），比如钥匙扣可以在面具基础上再加上不同的服装和傩舞动作来设计制作；徽章可以用单独的傩面造型来制作，这样既符合年轻人的喜好与需求，吸引受众的兴趣，又多方位地展现邵武傩舞的风采，使“傩”文化融入生活中的点点滴滴，起到润物无声的宣传效果。

3. 艺美与实用

随着社会不断发展，美学与日常生活的结合越来越紧密，生活美学被广泛关注。通过产品让人们体验美，以全新的视角去诠释美的价值，普惠人们的生活，这是文创产品的本质所在。明末清初日常生活美学大师李渔提出“计万全而筹尽适”“是天生此物，以备此用”，提倡一件器物无论是设计还是改造都要讲求艺术与实用相统一的原则，使产品符合使用者的情感需求，从而让他们在欣赏和使用产品过程中激起联想，产生情感上的共鸣，获得精神上的愉悦和情感需求上的满足。德国工业设计大师迪特·拉姆斯也认为“好的产品首要任务是供人使用，此外还应履行心理和审美的功能”。美国实用主义美学的重要代表舒斯特曼指出：“艺术产品中包含的丰富的审美资源正是人们在使用过程中感性体验的结果。”

以闽北古民居建筑装饰为题材的文创产品开发设计要兼顾艺术美与实用，要摆脱重工艺轻功能、重美观轻实用的设计倾向。所设计的作品在保留古民居建筑雕刻本身的美感基础上，要强化产品的实用功能，设计出既新颖奇特又能够满足人们日常生活需要的“日用品”。产品与生活之间需产生长期联系，让消费者在使用产品过程中产生浓厚的情感体验，将其融入日常生活之中，成为无法舍弃的生活物品，从而增加旅游文创产品的商品价值，形成有效的文化传播。

武夷山五夫镇兴贤书院是古时全国最有影响的书院之一。书院门楼为幔亭式，七山跌落、阶梯式布局，十分壮观。《兴贤笔架》是以兴贤书院门楼为设计元素的旅游文创产品。设计师对门楼外形进行概括、提炼，将简约的造型特征应用到笔架的设计上。笔架的横梁、抱柱、挡板、挂柱选用暗色的乌木制作而成，工艺精细考究，质感细腻润泽。笔架右侧安装两盏高低错落带有白色亚克力灯罩的小台灯，打开台灯瞬间呈现出白墙黛瓦的场景，营造出唯美、静谧、浪漫的光影效果。书院门楼“鲤鱼跃龙门”砖雕图案被运用到笔架的底座上，让消费者体会到一股奋力拼搏的精神，在意蕴上有很强的契合性。该产品采用定向组合的设计方法将毛笔架与台灯两个功能不同的物体巧妙结合，充分融入现代性元素，实现外观与功能的升华，收到新颖独特的视觉效果，既满足笔架的实用功能，又给人以艺术美的愉悦，从而很好地满足消费者对文创产品的多样化需求，产品价值进一步凸显，这样人们在使用过程中时而会唤起对村落浓浓的回忆。

下梅村古民居门头上镶嵌着两幅“十鹿图”和“八骏图”砖雕作品，这两幅图案构图饱满、工艺精湛，鹿与马神态各异，充满活力。在下梅旅游文创产品设计中有一款帆布手提袋就是将富有动态感的“十鹿图”和“八骏图”两图用线描的形式将其绘制成作品，并将作品通过丝网印制到帆布袋上，同时搭配“驷驷牡马，在坰之野”“呦呦鹿鸣，食野之苹”比喻鹿和马的诗句，以红色印章作点缀。用麻布材料制作环保提袋，体现下梅古村朴素厚重、内涵浓厚的文化气息，是一款实用性与观赏性都较高的文创产品。在闽北古民居建筑上常常镶嵌有“三星高照”精美砖雕，福星、财星、寿星等人物造型生动、惟妙惟肖。此外，在屋宇的窗花木雕上还有八仙、天官、和合二仙等神明形象。这些作品富含故事性，具有祈福文化的显著特征。文创设计创作时可将各路神明的形象进行归纳、提炼，采用夸张变形手法对其五官神态、着装道具进行有计划、有目的的转化，将人物形象勾勒饱满，整体选用暖色调以体现形象所表达的幸福和美好寓意，经过变形设计塑造出形象鲜活的 Q 版图形，让传统文化表现得更加年轻时尚，有效促进与游客的情感交融。运用变异法要对选择的对象进行理性分析和推导，要注意保留物象原型的典型特征，以彰显旅游文创产品本土特色。为了满足游客的不同需求，可以利用 3D 打印技术制作成三维立体公仔玩偶，也可以采用二维平面图形来表现，将其印制到公交卡包等产品上。卡包为人造皮革材料打造，具有抗撕裂性、耐曲折性，有独特的美感。将这些神明演化成为现代的具有丰富故事情节的形象，并赋予生动的色彩和时尚的造型，创作出更具有青春活力的形象特征，成为现代年轻人青睐的潮玩形象。同样还可以将古民居建筑上三雕的其他图案通过提炼绘制后，以图案为基础，设计出风格简约、美观实用，具有传统特色韵味、符合现代大众需求的诸多文创产品。在耳坠设计中，可以提取古建筑中具有吉祥寓意的装饰性的纹样作为元素，采用金属材料制作凹凸图案，彰显立体感，并在图案的线条上用铁线镶嵌，内部用鲜艳的色彩填充，整体造型淳朴、简洁大方，具有很强的艺术美感（图 6–26）。

提取仙鹤端庄华贵的形象应用于香水瓶文创设计，图案用对称的形式；色彩上用红色与金色搭配，精美典雅，配以邹氏家祠刻字“水源”与产品相呼应；瓶身以有机玻璃打造，色调明净；瓶脊部围绕黄色铜丝，使色泽不再单调；瓶身造型流畅，既有自然古朴的原始美，又有现代的曲线美感。

在茶杯的设计中选用“独占鳌头”具有成功寓意的图案。杯身采用传统茶杯造型，选用食用级塑料，塑料的材质具有不怕摔打的特性，且色彩多样。杯身色泽为黑金色配以金黄色描边点缀，传统、沉稳、典雅。还可以选取建筑雕刻中鸳鸯与兰花代表和睦恩爱，将颇具诗情画意的图形制作成创意灯具。灯具由圆形半透明玻璃与塑料底座组成，在底座与玻璃接口处安装 LED 灯，灯光透过玻璃上的吉祥图案营造柔和效果，形成既富有中式禅意又具现代艺术元素的大气美观的氛围。

作为大众消费品，闽北古村落旅游文创产品不适合采用贵重的原材料，要遵循低成本、绿色、环保等可持续发展的原则。将现代美学原则和设计理念融入新产品的开发中，把现代人的时尚审美观作为衡量旅游文创产品的重要标准，运用

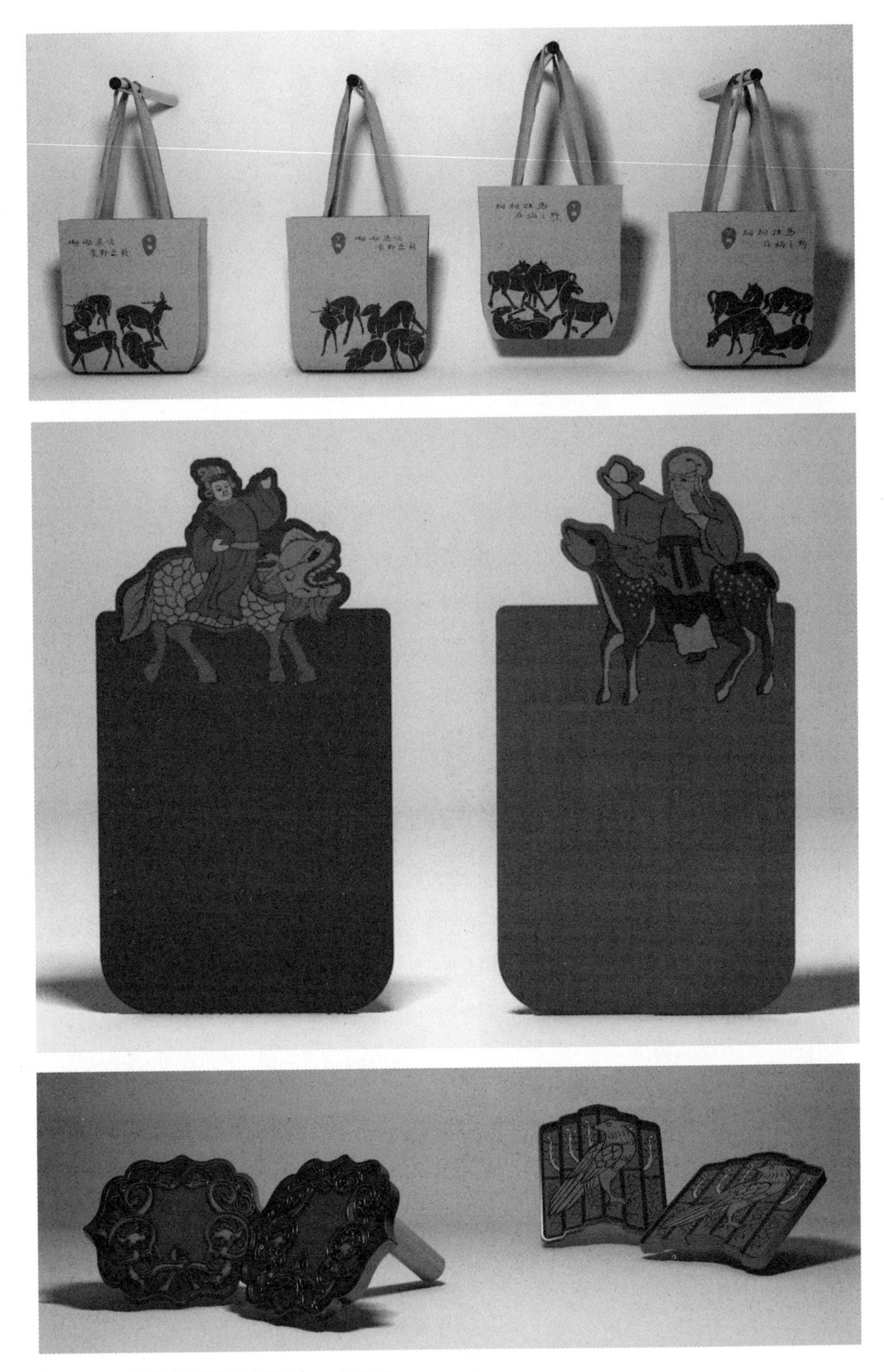

图 6-26　下梅村砖雕文创设计　邱仕佳

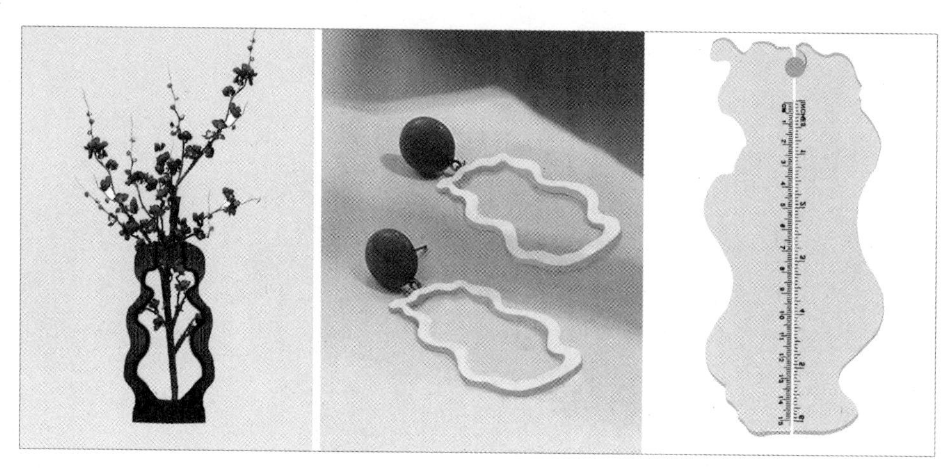

图 6–27 “婆婆门”系列文创产品设计 王柳英 朱迪 钟春林

新创意、新方法和新技术进行精细制作，将环保朴实的材料所包含的亲民感与精湛纯熟技艺所带来的愉悦感相融合，创造出质朴而精致、传承又创新的特色产品，带给游客温馨、朴素简约的美感。旅游文创产品设计要注意产品的实用功能，让人好用、爱用、用得舒心。产品的使用过程其实是在增加人与物情感交流的过程，物尽其用、用物思情，在“用”的过程中，一方面让用户身心愉悦，另一方面也让产品焕发新的生机，达到双方共赢，助推村落传统文化活态传承之效应。

4. 系列与品牌

受自然条件限制，闽北古村落呈现分散的、个性的、小规模的特点，区域空间相对封闭独立，由此，旅游文化资源的开发难免受到限制，以致出现旅游文创产品类型比较单一、内容比较单调、形态比较粗俗等问题。随着经济社会不断发展，人们对旅游文化创意产品的期望值不断提高，产品的生命周期变得越来越短暂，单一的旅游文创产品已无法满足游客物质和精神上的需求，无法参与市场竞争，这也成为制约当地旅游产业发展的瓶颈。如何突破资源的限制，开发出形式多样的旅游文创产品成为发展旅游产业急需解决的问题。

系列性是建立在产品系统论和信息科学、设计研究发展之上的，是现代产品设计开发的重要手段，它通过一定要素，以相同的一个和多个存在紧密关系的形态进行组合，从而形成旅游文创产品之间的系列关系。系列化设计以产品内在关联为基础，通过造型、材料、功能、色彩、装饰以及比例尺寸等方式进行文创产品设计开发（图 6–27）。近年来，国内有些主题性公园通过系列化、配套化进行旅游文创产品开发，有效突破资源的限制，丰富了产品的类型，形成特色鲜明的产品，

图 6-28 “兴贤书院”系列文创产品设计 王蔚峰

为当地旅游产业的良性发展起到积极的促进作用。这是我们可以借鉴的。

闽北古民居建筑门窗上通常会镶嵌装饰精美的木雕窗花，其蕴含着丰富的地域文化内涵。设计时如果能从这些木雕窗花中提取有代表性的纹饰作为素材，将其运用到当地的茶饼制作上，那么带有精美吉祥纹饰图案的茶饼飘逸出浓馥清香，将让众多游客爱不释手、欲罢不能。也可以将这些纹饰运用到香盒、尺子、杯垫等产品设计中，通过改变产品的材质、形状、装饰等，制作多品类、多样式的旅游文创系列产品。闽北古村落旅游文创产品进行系列化开发，可以有效突破资源限制，节约生产制作成本，让利于游客，使市场呈现出题材、样式、色彩、材料、档次多样化的旅游文创产品类型的格局，实现了旅游文创产品在选择上的灵活性和无限的补充性。系列化产品能够使产品类型更加丰富多样，也使它们之间形成相互衬托而又统一的视觉形象，从而促进品牌形象的对外宣传，对地方特色文化的展示也更具整体性、持续性和渐进性。

兴贤书院文创产品设计采用物质与非物质文化相结合的系列化设计方法，选取较有代表性的书院建筑、匾额对联、历史人物等作为主要题材，以建筑墙绘、书法遗留等文物作为辅助创作元素，以二维和三维相结合的方式对提取的元素进行创意设计，对提炼的思想内涵进行具象表达和重塑，从而实现了较好地宣传兴贤书院和朱子理念的目的（图 6–28）。

品牌实质是在产品上明确标注独特的文化意义和文化价值。品牌的树立能够增加旅游文创产品的附加值，通过品牌让游客有更多的获得感。在发展闽北村落文化旅游实现乡村振兴的进程中，旅游文创产品要走品牌化营销道路。由政府有关部门牵头，整合辖区内的资源，提高品牌意识，以强化品牌知名度，重视品牌延伸，走产业一体化道路。将“无形”的文化资源转变为“有形”的产品，塑造特色鲜明的品牌标志，开发特色包装，提高产品质量，优化营销方法，提升产品辨识度、知名度、美誉度和竞争力。加强品牌宣传，拓宽品牌传播渠道，利用新媒体技术加大对闽北古村落旅游文创产品的宣传力度。同时还可以定期举办相关展览和活动，将闽北古村落旅游文创产品的信息多角度、深层次、全方位、立体化地对外传播和推广。通过品牌传播理念对古村落旅游文创产品进行系统性整合，使其融入大众的生活。在获得游客文化认同的同时，形成鲜明的地方特色文化品牌效应，成为更接地气的时代产物，既促进非遗活态传承，也使当地村民对本土文化增添新的自豪感。

参考文献

[1] 福建博物院 . 福建北部古村落调查报告 [M] . 北京：科学出版社，2006 .
[2] 刘沛林 . 古村落和谐的人聚空间 [M] . 上海：上海三联书店，1997.
[3] 黄建国 . 闽北文化 [M] . 福州：海峡文艺出版社，1999.
[4] 肖天喜 . 武夷山遗产名录 [M] . 北京：科学出版社，2011.
[5] 福建省炎黄文化研究会，中共南平市委宣传部 . 武夷文化研究 [M] . 福州：海峡文艺出版社，2003.
[6] 马照南 . 武夷文化的源流与特征 [J] . 福建论坛，1993 (3)：29—32.
[7] 陈艳芸 . 闽北传统民居装饰艺术研究 [D] . 福州：福建农林大学，2017.
[8] 叶晨露，王彬 . 福建北部地区古村落空间特征及文化传播分析 [J] . 吉林师范大学学报，2013 (2)：108—113.
[9] 龚延兴 . 守望乡愁 [M] . 福州：福建地图出版社，2018.
[10] 黄静宇 . 邵武三角戏的音乐特征及其发展 [J] . 艺苑，2009 (6)：36—40.
[11] 曾琴 . 五夫龙鱼戏——蕴意深刻的民间文化遗存 [J] . 大众文艺，2010 (9)：171.
[12] 张华龙 . 教育学视域中的古村落文化 [M] . 北京：科学出版社，2012.
[13] 刘沛林 . 历史文化村镇景观保护与开发利用 [M] . 北京：中国书籍出版社，2013.
[14] 柯培雄 . 闽北名镇名村 [M] . 福州：福建人民出版社，2013.
[15] 南平市政协学习文史委员会 . 南平文物，内刊本，2004.
[16] 王益 . 徽州传统村落安全防御与空间形态的关联性研究 [D] . 合肥：合肥工业大学，2016.

[17] 朱雪梅．粤北传统村落形态及建筑特色研究［D］．广州：华南理工大学，2013．
[18] 魏永青．武夷山下梅村古民居建筑雕饰艺术［J］．温州大学学报，2013（1）：53—57.
[19] 杨静雯．闽北历史文化名镇的保护与发展策略研究——以武夷山五夫镇为例［J］．建筑与文化，2018（6）：90—92.
[20] 魏永青．政和县杨源乡特色文化调查及旅游形象设计［J］．美术教育研究，2015（3）：52.
[21] 魏永青．闽北党城古村落的空间布局与建筑特色[J]．宜春学院学报，2012（6）:93—96.
[22] 魏永青．周宁县赤岩古村落建筑与装饰特色研究［J］．武夷学院学报，2013（3）:31—35.
[23] 魏永青．和平古镇民居建筑砖雕艺术特征研究［J］．郑州轻工业学院学报，2013（2）:105—108.
[24] 梁树邦．闽越王城［J］．对外大传播，2001，（5）:39.
[25] 柯培雄．城村闽越王城的建筑文化与装饰意蕴［J］．武夷学院学报，2011（1）:63—70.
[26] 李秋香，罗德胤，贺从容，陈志华．福建民居［M］．北京：清华大学出版社，2010.
[27] 魏永青．五夫镇古建筑门楼的审美意蕴［J］．怀化学院学报，2013（10）：4—6.
[28] 王小斌．徽州民居营造［M］．北京：中国建筑工业出版社，2013.
[29] 陈楠．邵武传统建筑形态与文化研究［D］．泉州：华侨大学，2012．
[30] 单德启．安徽民居［M］．北京：中国建筑工业出版社，2009.
[31] 魏永青．闽北五夫古镇公共空间的形态特征及文化价值阐释［J］．通化师范学院学报，2014（11）：64—68.
[32] 楼庆西．砖雕石刻［M］．北京：清华大学出版社，2011.

[33] 童丽玲 . 武夷山古牌坊概述 [J] . 黑龙江史志，2014 (10) :61–62.
[34] 福建建瓯旅游简介 :http://wenku.baidu.c
[35] 胡绍宗 . 敬神与娱人 : 传统宗祠建筑空间的形式内涵——以鄂东青山柯庄祠堂为例 [J] . 装饰，2014 (10) :125–126.
[36] 欢迎访问齐天大圣祖地 :http://www.qtdszd.co
[37] 侍洋 . 美学视角下的徽州传统村落空间布局研究 [D] . 合肥：安徽农业大学，2017.
[38] 李秋香，陈志华 . 文教建筑 · 乡土瑰宝系列 [M] . 北京 : 生活 · 读书 · 新知三联书店，2007.
[39] 邹自振 . 福建戏剧钩沉二题 [J] . 闽江学院学报，2005 (3) :1–8.
[40] 邬胜兰 . 非遗语境下祠庙戏场文化空间的再组织——以闽北政和县杨源村英节庙为例 [J] . 福州大学学报 (哲学社会科学版)，2021 (4) :101—106.
[41] 南平市政协文史资料和学习委员会 . 闽北廊桥，内刊本 : 43.
[42] 尚洁 . 中国砖雕 [M] . 天津 : 百花文艺出版社，2008.
[43] 柯培雄 . 闽北地域文化与民居建筑样式 [M] . 北京 : 中国建筑工业出版社，2021.
[44] 福建古建筑丛书编委会 . 府第民宅 [M] . 福州 : 福建教育出版社，2020.
[45] 王仲奋 . 婺州民居营建技术 [M] . 北京 : 中国建筑工业出版社，2014.
[46] 郑慧铭 . 闽南传统民居建筑装饰及文化表达 [D] . 北京：中央美术学院，2016.
[47] 陈铎 . 建本与建安版画 [M]. 福州 : 福建美术出版社，2006.
[48] 魏永青 . 清三代瓷器莲花纹装饰特征研究 [D] . 景德镇：景德镇陶瓷学院，2010 .
[49] 程波涛 . 明清徽州建筑雕饰的意象构成模式与文化解析 [J] . 学术界 . 2011 (5) :159—165.

[50] 李科 . 蒙古族传统装饰元素的特征及其在现代室内设计中应用的研究 [D] . 南京：南京林业大学，2007.
[51] 聂存虎 . 古村落保护的策略与行动研究 [D]. 北京：中央民族大学，2011 .
[52] 福建省人民政府 . 关于中国历史文化名村屏南县甘棠乡漈下村保护规划的批复 . 2018 闽政文〔2018〕59 号
[53] 韩朝晖 . 从“形象”到“意象”——旅游文化招贴设计的诗意表达[J]. 装饰，2009 (2) :98—99.
[54] 魏永青 . 大武夷旅游圈乡村旅游文化招贴的视觉表现 [J] . 武夷学院学报，2019，(5) : 32—35.
[55] 磨炼 . 基于地域及传统文化的产品设计策略研究 [J] . 包装工程，2015 (11) : 95—98.
[56] 魏永青 . 基于闽北古建筑雕刻的旅游文创产品设计研究 [J] . 雕塑，2022 (1) : 70—71.
[57] 张友丽 . 乡土景观在城市园林中的运用 [D]. 南京 . 南京林业大学，2009 .
[58] 邹全荣 . 行走武夷民间 [M] . 北京：学苑出版社，2012.
[59] 李致 . 屏南县历史文化名村传统民居适老化改造设计研究 [D] . 泉州：华侨大学，2019 .
[60] 张玉，陈坚，李灵 . 下梅古民居的文化意象和外观特征 [J] . 厦门理工学院学报，2011 (1) : 81—85.
[61] 陈建新 . 李渔造物思想研究 [M] . 武汉：武汉大学出版社，2015.
[62] 朱广宇 . 图解传统民居建筑及装饰 [M] . 北京 : 机械工业出版社，2011.
[63] 陈凌广 . 浙西明清古民居建筑的柱础 [J] . 文艺研究，2010(9) : 140—141.

后 记

闽北有悠久的历史和光辉灿烂的文化史迹，在这里曾经挖掘出距今四千多年前人类居住的遗址。在福建境内的闽北是个难得的独立的文化圈，有着独特的地域特色，这里有着数量庞大的血缘村落，这些村落古风犹存，它们之间既有共性又有个性，把深厚的文化底蕴根植，把多彩的文化形态绽放。村民的社会生活也自成一个独立的系统，他们创造出特色的乡土建筑系统，用来满足人们的日常生活，我们尝试从中解读它们的营造技法和文化特质。

2006 年夏我到建瓯市党城古村落进行考察，也从那个时候开启了对闽北古村落系统的研究工作，在这十几年里，我前往延平、建阳、建瓯、政和、浦城、光泽、邵武、顺昌、周宁、寿宁、屏南等地的古村落进行系统调研，去感受自然山水中的村落形态，去体验浓厚又清新的乡土气息，去解读传统建筑中的装饰特色，去感悟闽北文化的博大精深。调查过程得到多个部门的支持，同时要感谢好友老马、小裴、晓波、鹏飞、阿正、建斌、老杨的陪伴和参与，给调研工作增添了更多的趣味和快乐，至今令我难以忘怀。

2021 年在武夷学院服务产业研究专项“闽北传统村落古民居建筑艺术形态与保护发展”（项目批准号：2021XJFWCY08）的资助下，我再次对闽北古村落进行调研考察，并将前期的研究成果进行整合，付梓出版，只希望以此书抛砖引玉，使得更多的有识之士投入保护闽北古村落的研究之中。感谢我的学生为本书提供设计作品图片，感谢家父对书稿进行认真校对，感谢家人给予的支持，在此一并谢之。

由于时间仓促，水平有限，著者虽竭尽全力，但在内容编排以及研究深度方面仍有诸多缺失和错讹，恳请广大读者不吝赠正。

魏永青

2023 年 7 月